“十三五”国家重点出版物出版规划项目
面向可持续发展的土建类工程教育丛书

画法几何与土木工程制图习题集

主编　何　蕊　姜文锐
参编　李利群　吴雪梅　王　迎　高　岱　李平川
　　　崔馨丹　曲焱炎　邱　微　高承林
主审　钱晓明　栾英艳

机 械 工 业 出 版 社

本习题集针对土木类专业制图课程编写，包括画法几何及土木专业制图、识图知识。

本习题集共15章，内容包括制图的基本知识与技能，点、直线和平面的投影，换面法，立体的投影，工程曲面，轴测投影，组合体视图，建筑形体的表达方法，标高投影，施工图及总图，建筑施工图，结构施工图，室内给水排水工程图，供暖通风与空气调节工程图，道路、桥梁、涵洞工程图。

本习题集在内容和例题选择上充分体现土木工程相关专业的特点，习题覆盖基础和提高内容，适用于普通高等学校土木建筑类及相关专业的土建制图课程教学，也可供其他类型高等教育相关课程教学使用。

本习题集配有习题答案，免费提供给选用本习题集的授课教师。

图书在版编目（CIP）数据

画法几何与土木工程制图习题集/何蕊，姜文锐主编. —北京：机械工业出版社，2021.6（2024.6重印）
（面向可持续发展的土建类工程教育丛书）
“十三五”国家重点出版物出版规划项目
ISBN 978-7-111-68296-7

Ⅰ.①画…　Ⅱ.①何…②姜…　Ⅲ.①画法几何-高等学校-习题集②建筑制图-高等学校-习题集　Ⅳ.①TU204.2-44

中国版本图书馆CIP数据核字（2021）第096112号

机械工业出版社（北京市百万庄大街22号　邮政编码100037）
策划编辑：李　帅　责任编辑：李　帅
责任校对：李　婷　封面设计：张　静
责任印制：郜　敏
三河市国英印务有限公司印刷
2024年6月第1版第6次印刷
260mm×184mm · 9.25印张 · 226千字
标准书号：ISBN 978-7-111-68296-7
定价：28.90元

电话服务　　网络服务
客服电话：010-88361066　　机　工　官　网：www.cmpbook.com
010-88379833　　机　工　官　博：weibo.com/cmp1952
010-68326294　　金　书　网：www.golden-book.com
封底无防伪标均为盗版　　机工教育服务网：www.cmpedu.com

前　　言

本习题集是主干教材《画法几何与土木工程制图》（何蕊、姜文锐主编）的配套习题集，由哈尔滨工业大学工程图学部一线教师根据多年经验编写而成，分为画法几何及专业制图部分，针对每个知识点均有配套练习题，同时提供图样，内容根据土木建筑制图国家相关现行标准进行编写。

本习题集严格贯彻国家标准 GB/T 50001—2017《房屋建筑制图统一标准》、GB/T 50104—2010《建筑制图标准》、GB/T 50103—2010《总图制图标准》、GB/T 50105—2010《建筑结构制图标准》、GB/T 50106—2010《建筑给水排水制图标准》、GB 50162—1992《道路工程制图标准》、GB/T 50114—2010《暖通空调制图标准》等制图标准。同时力求涉及的相关标准、规范、图集尽可能为最新版本，使本习题集不与现行标准脱钩。

本习题集题目难易程度分层次，适用于普通高等学校土木、建筑、市政、交通与科学等专业与制图相关课程的教学，也可供其他类型高等教育有关课程的教学使用。

参加本习题集编写工作的有：哈尔滨工业大学何蕊（第 11、14 章，及第 10、13 章部分）、姜文锐（第 4、7、8 章）、李利群（第 3 章）、吴雪梅（第 5、6 章）、王迎（第 2 章）、高岱（第 12 章）、李平川（第 15 章）、崔馨丹（第 1 章）、曲焱炎（第 9 章）、邱微（第 13 章部分），宏鑫建设集团有限公司高承林（第 10 章部分）。何蕊、姜文锐任主编，钱晓明、栾英艳任主审。

由于编者水平有限，本习题集中难免有疏漏之处，敬请读者批评指正。

编　　者

目　　录

1-1 长仿宋体字练习。

哈尔滨工业大学画法几何及土木工程制图正投影平立侧

主俯左仰后右旋转方向局部斜视剖断面轴测简化折断裂

规定比例放缩圆柱锥球倾斜度展开示意尺寸标注厘毫米

班级 姓名 日期

建筑防水层油毡保温水表井安装详图型窗部构造圆管顶棚吊顶搁栅天沟围护

闸口斗管散水勒脚沟盖檐泛水护坡度线圈梁隔断墙预埋件砖砌平拱过梁钢筋

伸缩缝楼地面消防梯安全门百页亮子铁栅绞链钩玻璃马赛克刨花板细木工板

1-2　拉丁字母、阿拉伯数字练习。

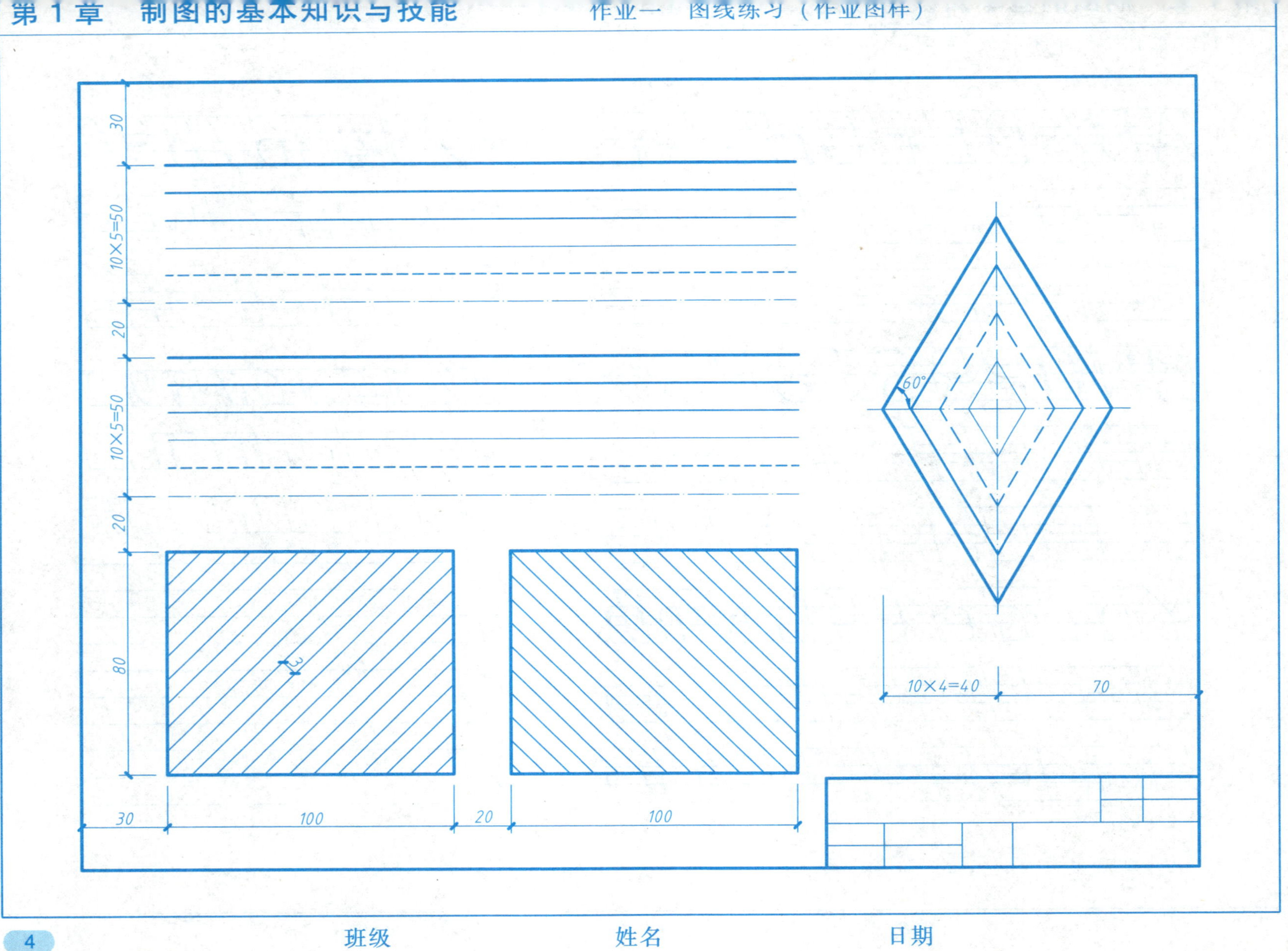

班级　　姓名　　日期

一、目的

1. 学习丁字尺、三角板等绘图工具的使用方法。

2. 熟悉画铅笔图的一般方法和步骤，能够画出符合标准的铅笔图线。

二、要求

根据作业图样在 A3 图纸上用 1∶1 的比例抄绘水平方向、竖直方向、45°方向及 60°方向的各种直线。

三、绘图方法和步骤

1. 布图：根据图样中给出的尺寸进行布图。整个图面可分成五块：两组水平线——两个长方形；两组 45°斜线——两个长方形；一组 60°斜线——一个菱形。

2. 画底线：用 2H 铅笔轻轻地画出底线。虚线、单点长画线的线段间隔要大体上一致（开始时可用尺量画 1～2 条，然后目测逐个画出）。

3. 描深底线：描深前要准备好三支铅笔（2H、HB、2B），并且按要求把铅芯磨削好，然后对各种图线进行试画，待符合要求后再在底线上进行描深。描深线条取 0.7mm 线宽组，即粗实线为 0.7mm（2B 铅笔笔芯扁条形），中粗线为 0.5mm，中实线、中虚线为 0.35mm（HB 铅笔笔芯扁条形），细实线、细单点长画线和折断线为 0.18mm（2H 铅笔笔芯圆锥形）。

4. 填写标题栏：

1）图名　图线练习（10 号字）

2）图号　01　（5 号直体字）

3）比例　1∶1（5 号直体字）

四、注意事项

1. 图样中给出的尺寸，是布置图形、画底线时用的，本作业不要求抄注尺寸。

2. 正式作业必须在图板上进行，要用丁字尺、三角板严格认真地画图。画底线和描深底线时，都不得离开图板和丁字尺。

3. 本作业的六种图线，需要有粗（0.7mm）、中粗（0.5mm）、中（0.35mm）、细（0.18mm）四个层次的明显区别。

4. 同一种图线必须是同一个规格，即线宽、线段长、间隔都应该一致。

5. 完成的作业图面质量应达到：

1）布图合理。

2）图线清晰。

3）字体端正。

4）图面整洁。

5）图形正确。

1-3　用 1 : 1 的比例重新画出所示图形，并抄注尺寸。

（1）在右侧抄绘本页图形。

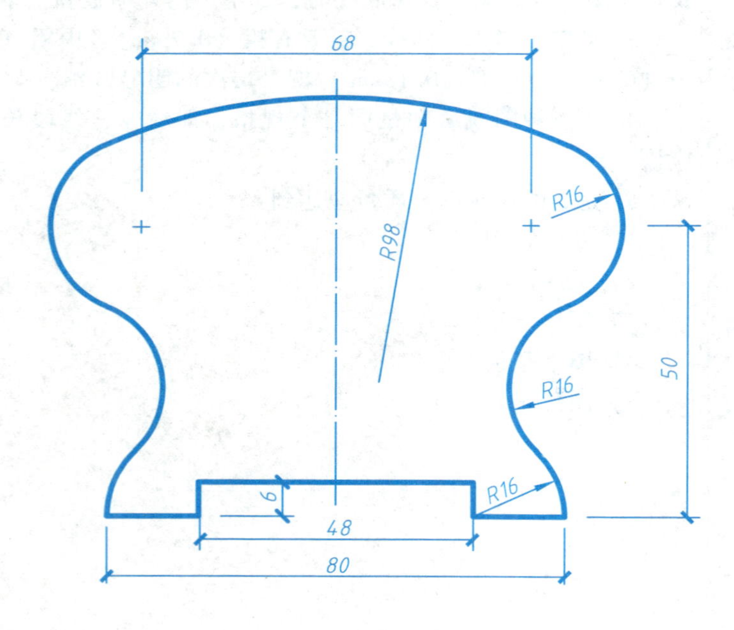

（2）在右侧抄绘本页图形。

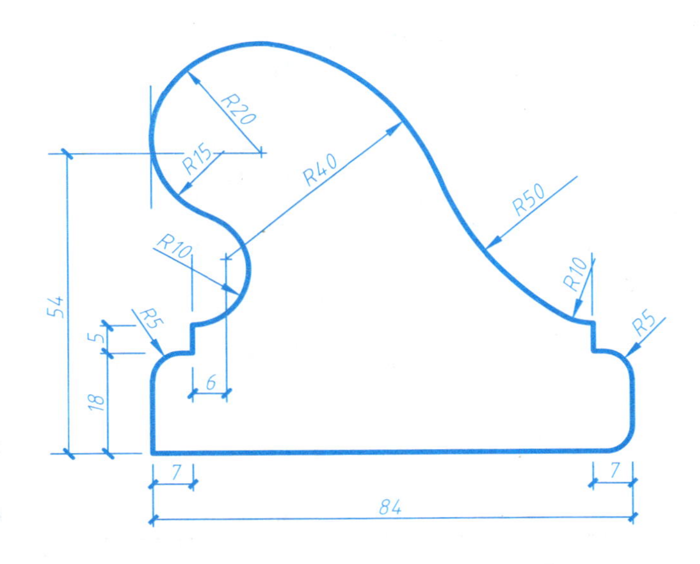

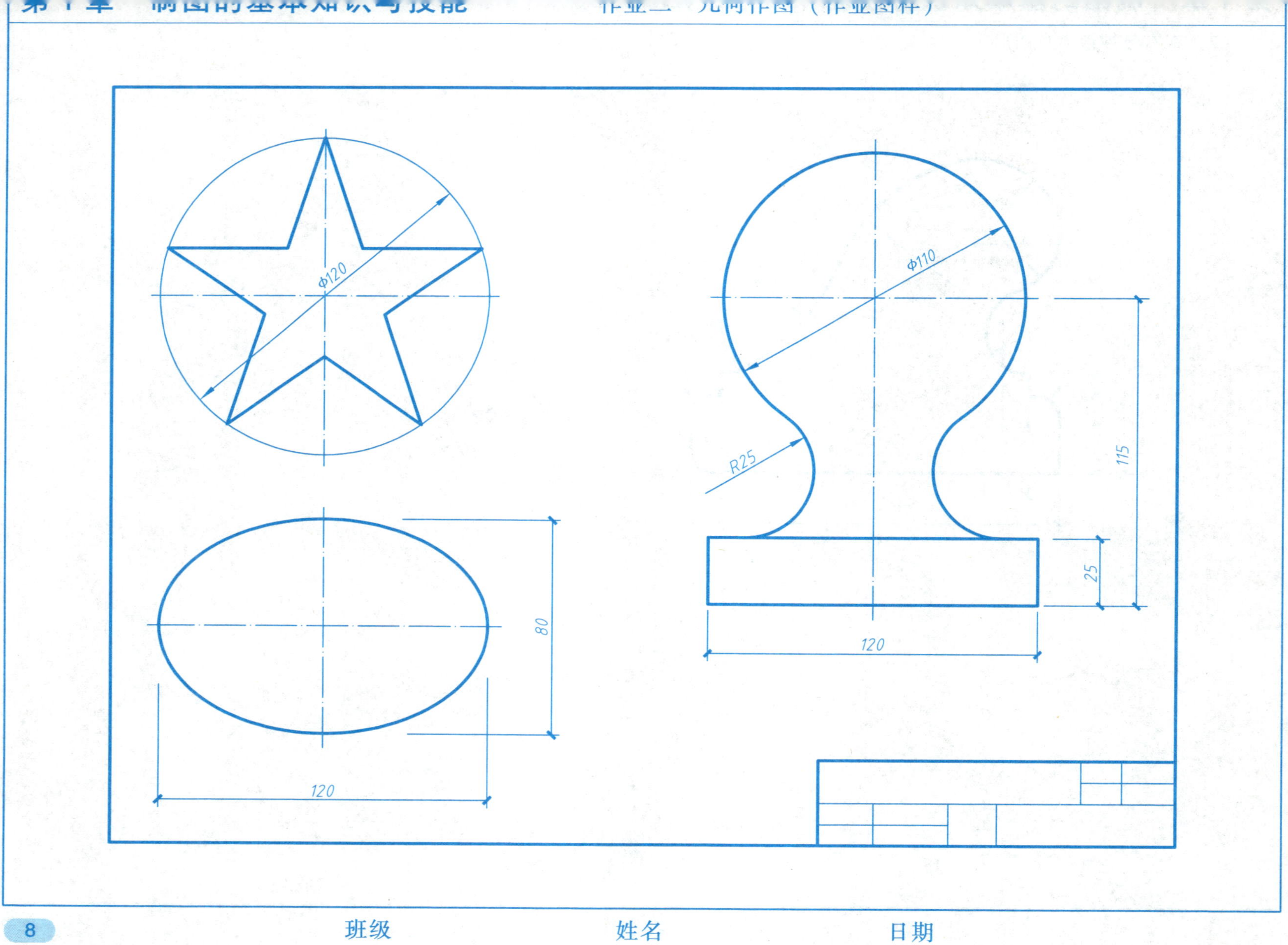

班级　　姓名　　日期

一、目的

1. 学习圆规的正确使用方法。

2. 掌握圆弧连接的作图方法。

3. 熟悉尺寸标注的基本规定。

二、要求

根据作业二的图样，在A3图纸上用1∶1的比例抄绘三个平面图形。

三、绘图方法和步骤

1. 布图：根据图样中每个图形的大小（包括标注尺寸的位置），在图纸上合理布图。

2. 画底线：底线不分线型，一律用细线轻轻地画出，底线要画得清楚，画得准确，连接中心和连接点都必须找到。

3. 描深底线：本作业取0.7mm线宽组：粗实线为0.7mm，单点长画线、细实线为0.18mm。

4. 标注尺寸：尺寸数字为3.5号。

5. 填写标题栏（字号同作业一）：

1）图名　几何作图

2）图号　02

3）比例　1∶1

四、注意事项

1. 对所画图形的作图原理和作图方法，应阅读教材的相关章节。

2. 使用圆规时，圆规的两腿应垂直纸面。插针要用带凸台的一端。铅芯要准备两个——硬铅芯，画细线用；软铅芯，画粗线用。

3. 画图时应先进行试画而后再正式画。画图过程中，用力、转速都要均匀。

4. 描深图线时，应先画圆弧，后画直线，所有的连接圆弧都必须在切点的位置上准确、光滑地对接起来。

2-1　求作三角形的单面正投影。

（1）已知 A、B、C 三点到投影面 V 的距离为 35、25、30mm。

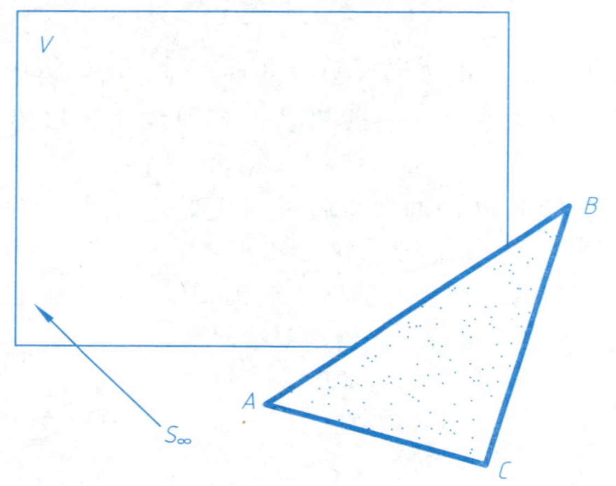

（2）已知 D、E、F 三点到投影面 H 的距离为 15、45、20mm。

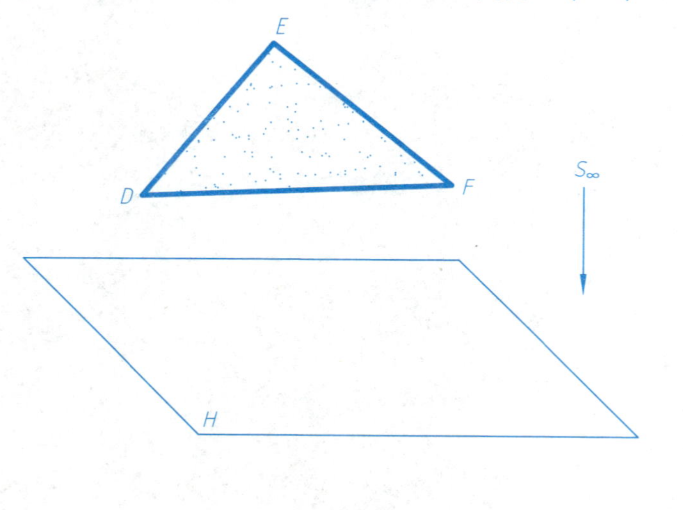

2-2　根据看直观图，补全几何形体的三面投影图，X、Y、Z 轴向尺寸直接量取。

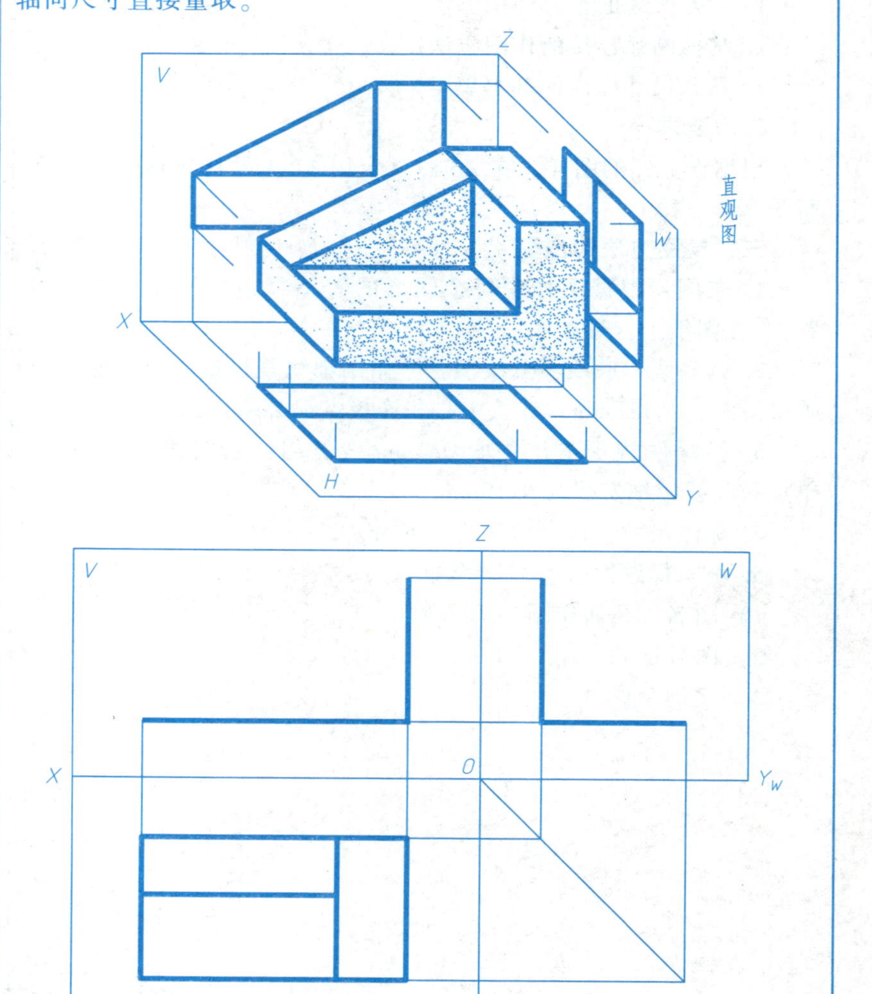

2-3　根据直观图，按实际量取作出 A、B、C、D 四点的三面投影图，X、Y、Z 轴向尺寸直接量取。

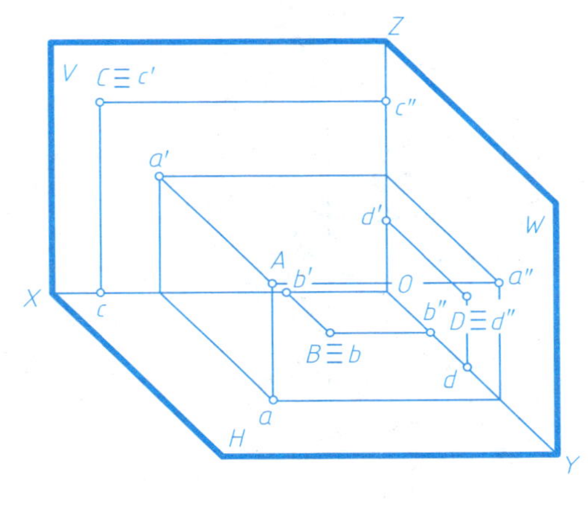

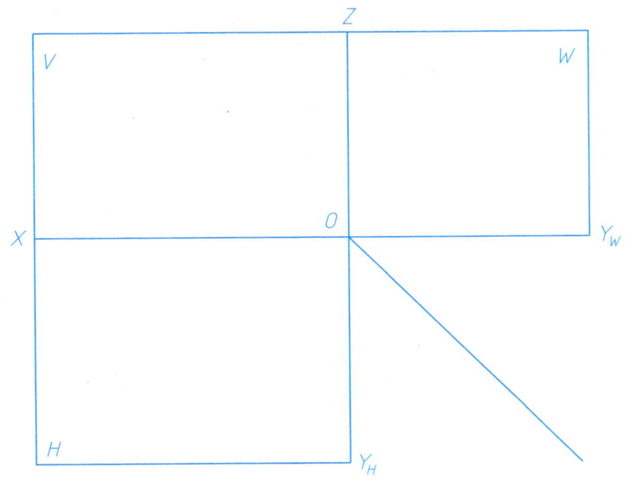

2-4　已知各点的两面投影，补求第三面投影。

（1）

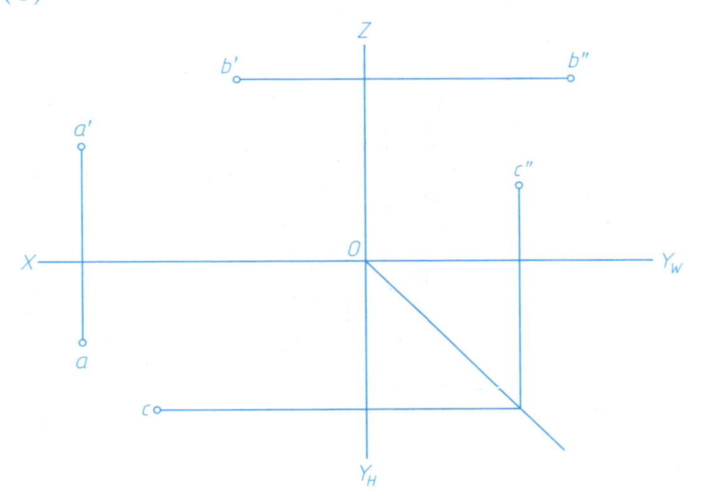

（2）

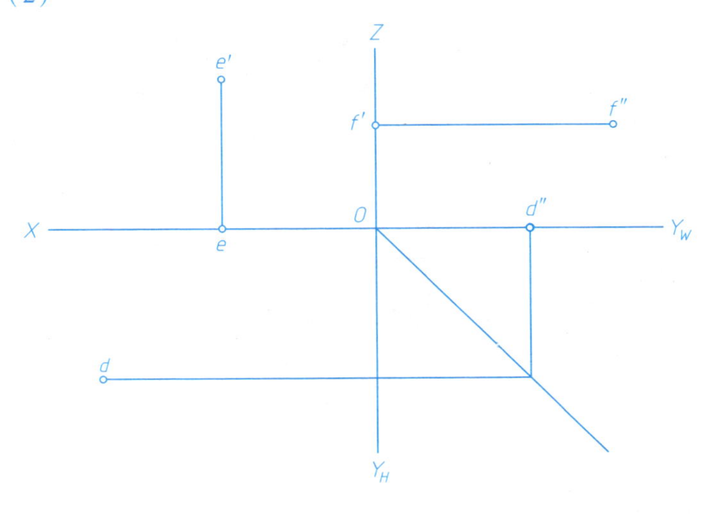

2-5　比较 A、B 两点的相对位置。

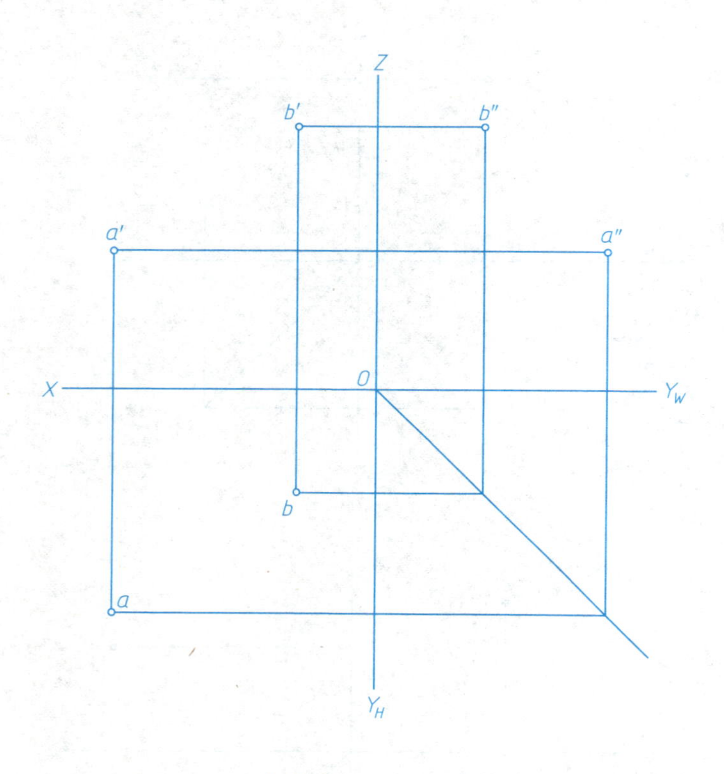

______点在左，______点在右；
______点在前，______点在后；
______点在上，______点在下。

2-6　补出 A、B、C、D 各点的侧面投影，并标明重影点的可见性（看不见的点，加上括号）。

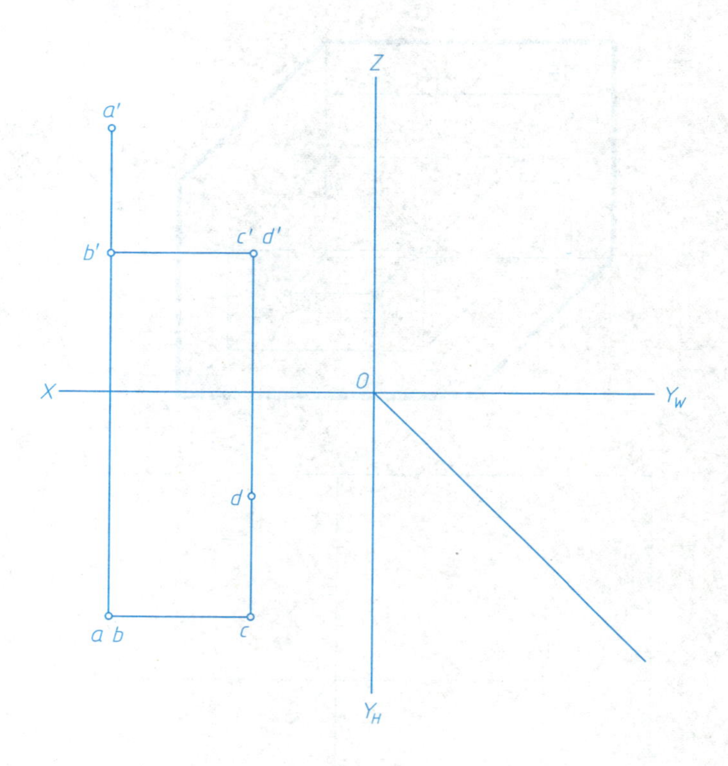

水平重影点：____点在上（看得见），____点在下（看不见）；
正面重影点：____点在前（看得见），____点在后（看不见）；
侧面重影点：____点在左（看得见），____点在右（看不见）。

2-7　已知线段两端点 A、B，完成 AB 线段的直观图和三面投影图。

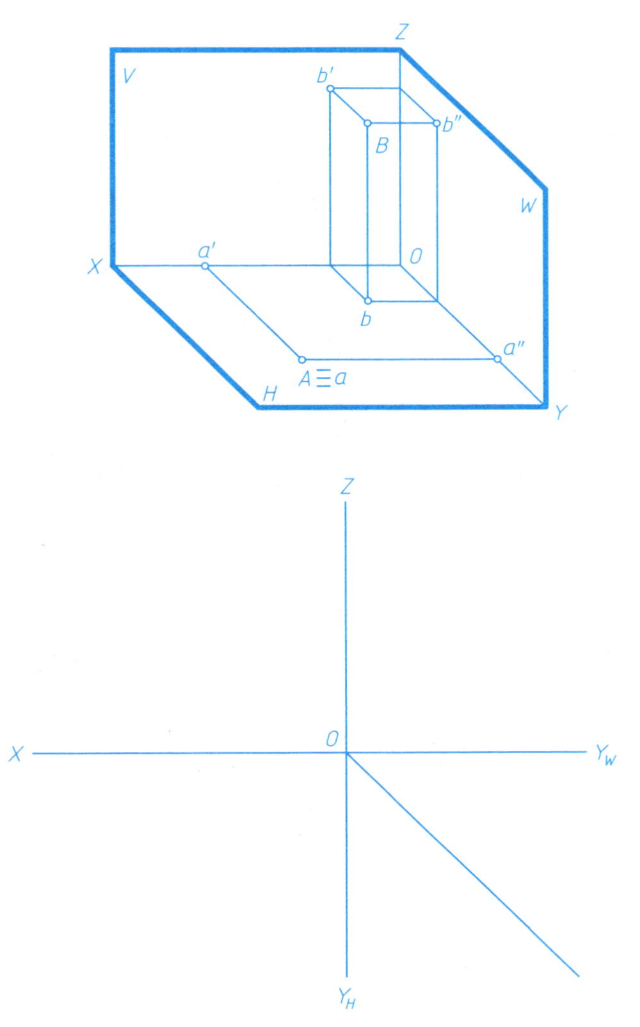

2-8　指出三棱锥各棱线都是何种线段，并指出实长投影和积聚投影。

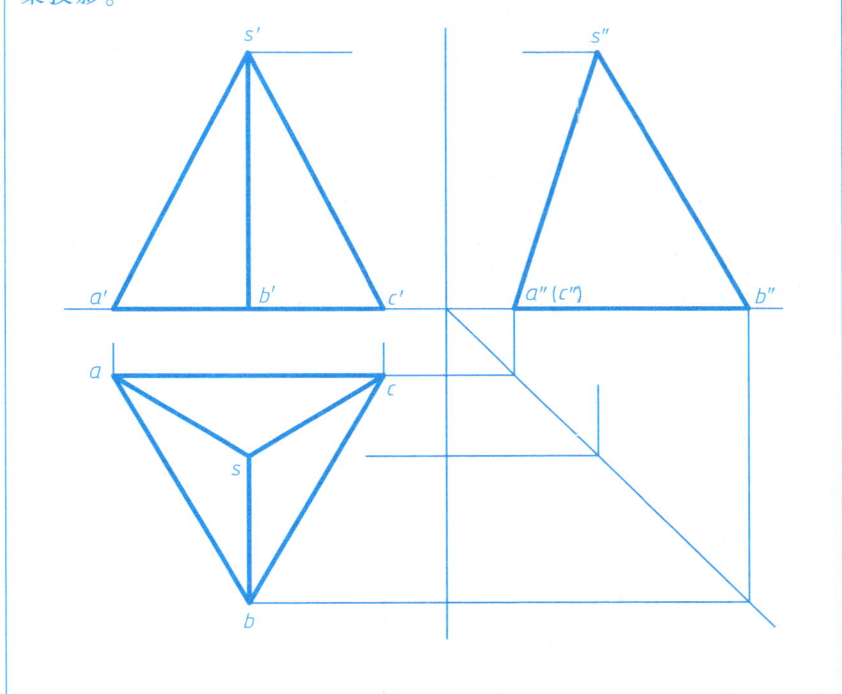

线段	线段种类	投影特性	
		实长投影	积聚投影
AB（示例）	水平线	ab	无
BC			
AC			
SA			
SB			
SC			

2-9 补出各线段的第三投影，并标明是何种线段。

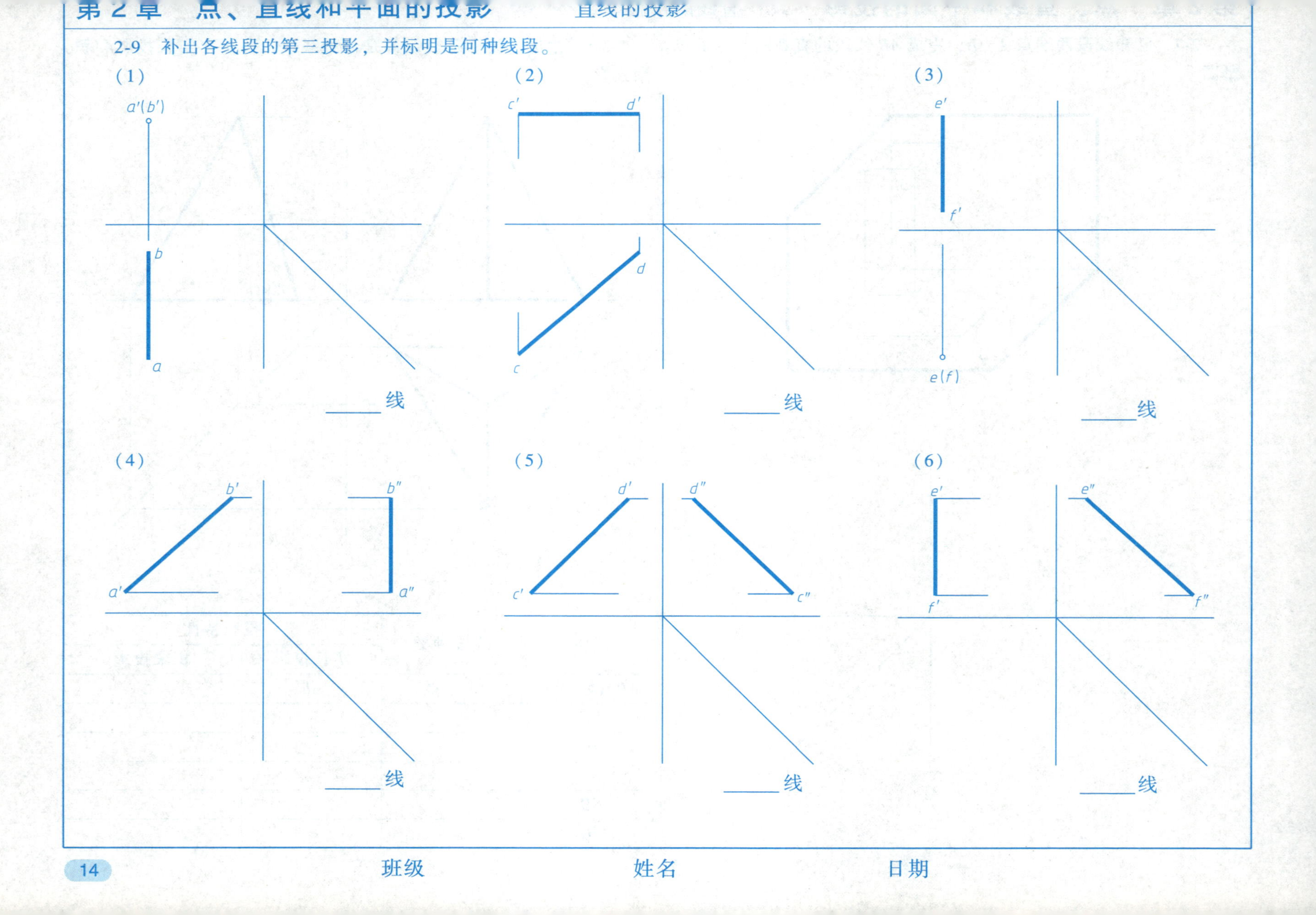

班级 姓名 日期

2-10 在 AB 线段上取一点 C，使 $AC:CB=2:3$。

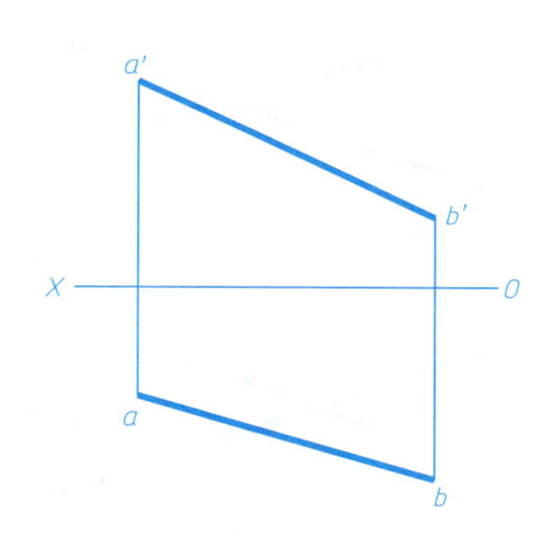

2-11 已知 C 点在 AB 线段上，求 C 点的水平投影（用两种方法）。

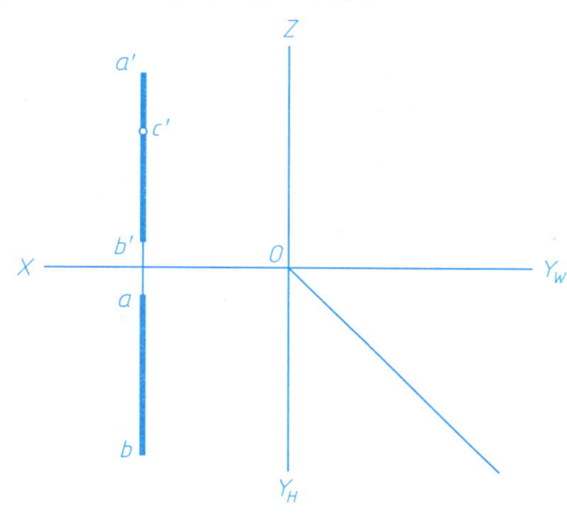

2-12 已知水平线 AB 长为 30mm，对 V 面夹角 $\beta=30°$，求它的两面投影。

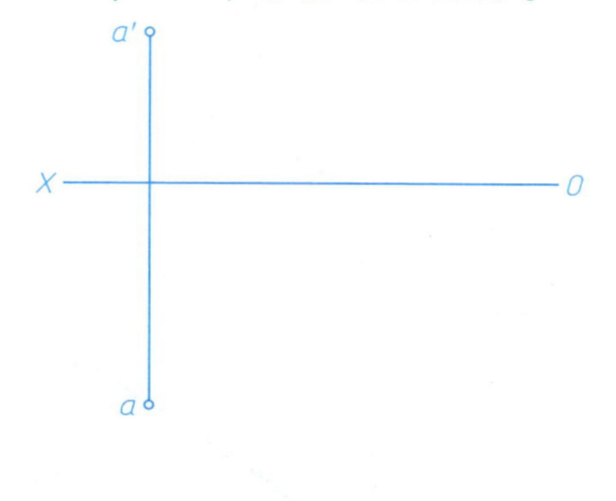

2-13 判别两直线的相对位置。

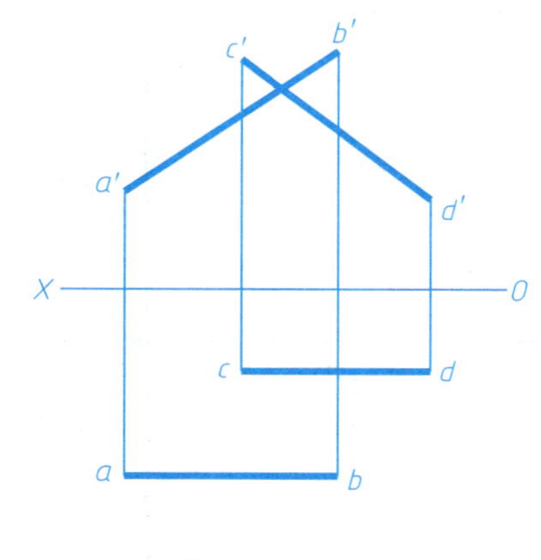

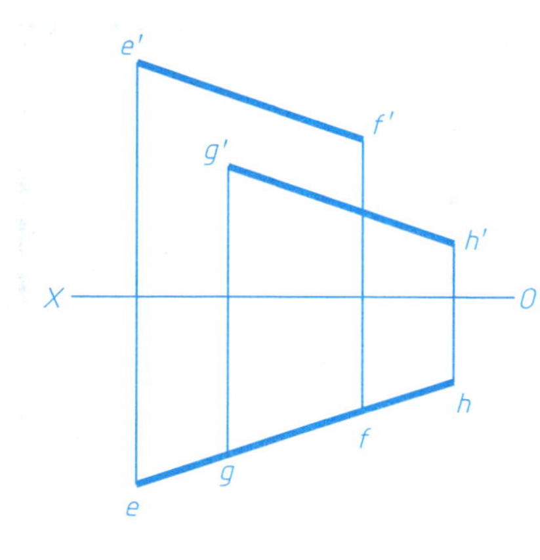

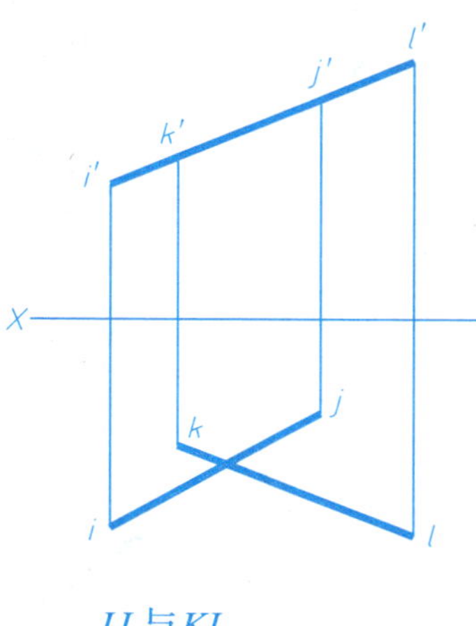

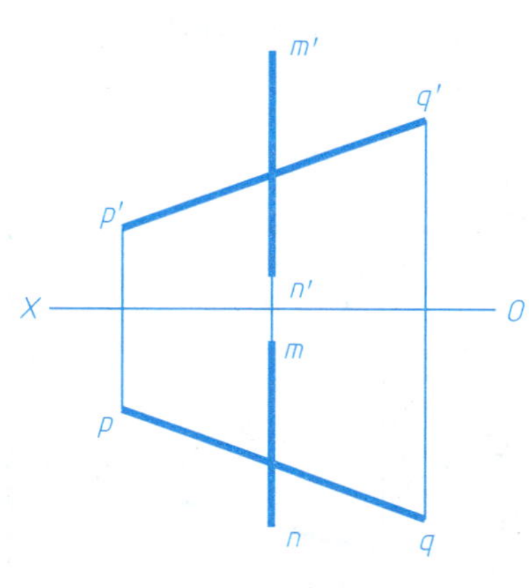

AB 与 CD________　EF 与 GH________　IJ 与 KL________　MN 与 PQ________

2-14　过 *A* 点分别作水平线和正平线与 *MN* 直线相交。

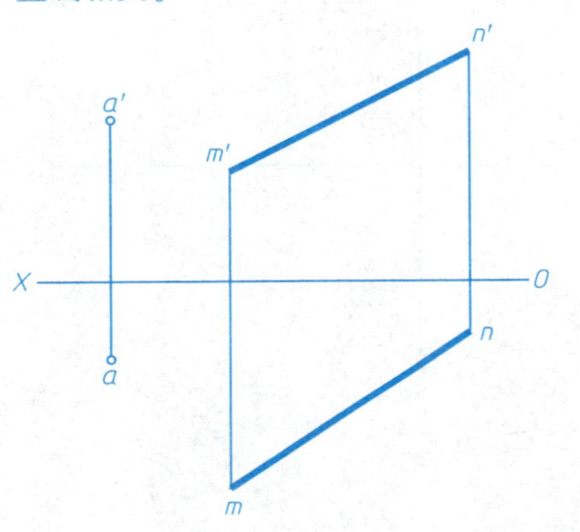

2-15　过 *A* 点作正平线与 *CD* 直线相交。

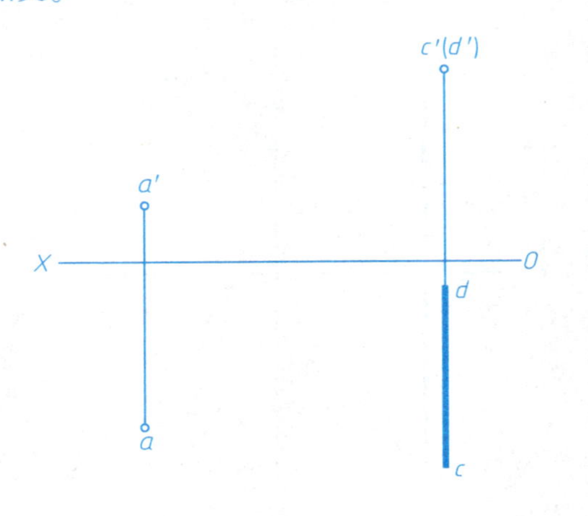

2-16　判别交叉直线 *AB*、*CD* 重影点的可见性。

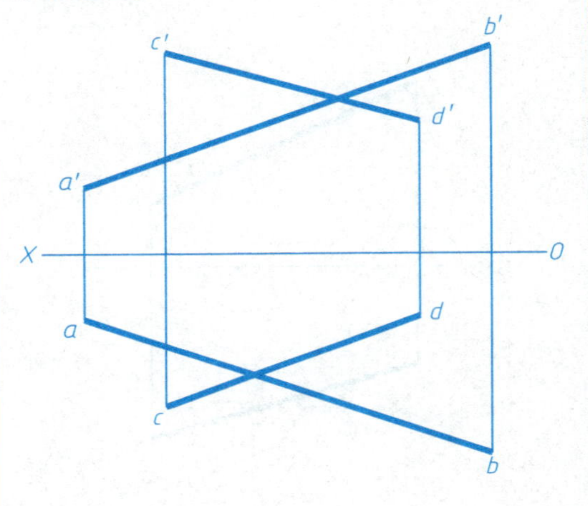

2-17　已知 *AB*、*CD* 两直线相交于 *K* 点，求 *AB* 直线的正面投影。

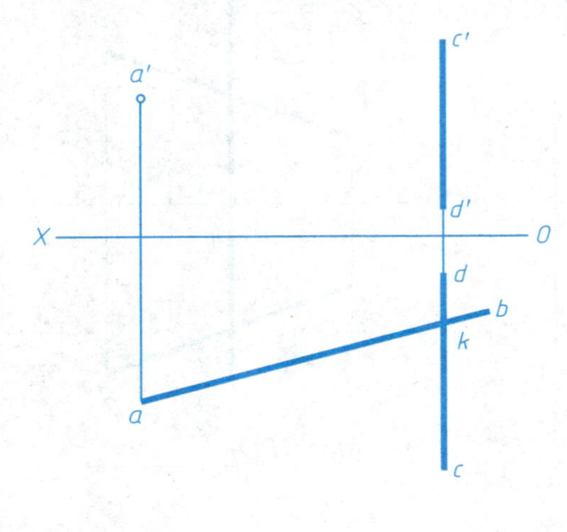

2-18　求作直线 *MN*，使它与直线 *AB* 平行，与直线 *CD*、*EF* 都相交。

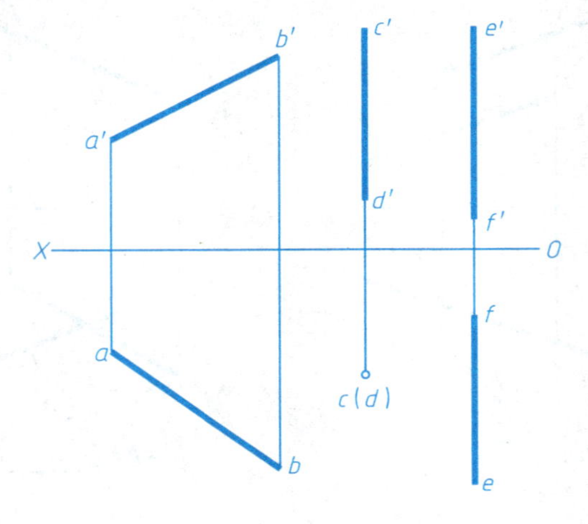

2-19　求作水平线 *MN*，使它与 *AB*、*CD*、*EF* 三直线都相交。

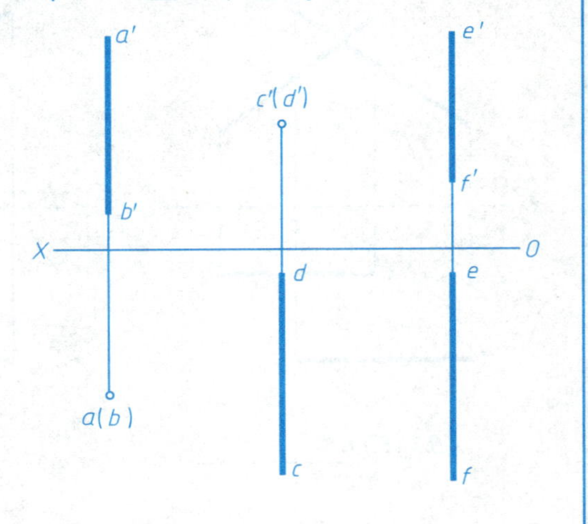

　　班级　　　姓名　　　日期

2-20　已知直线 AB、CD 相交，CD 为水平线，求作 $c'd'$。

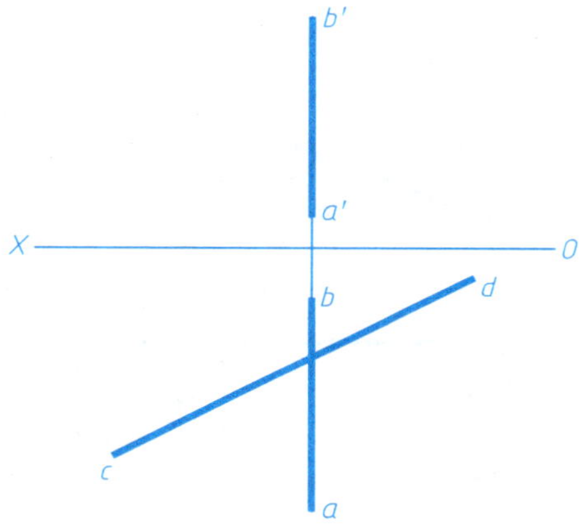

b' a' X O b d c a

2-21　已知直线 AB 平行于 CD，且 AB 长等于 25mm，求作 AB 的两面投影图。

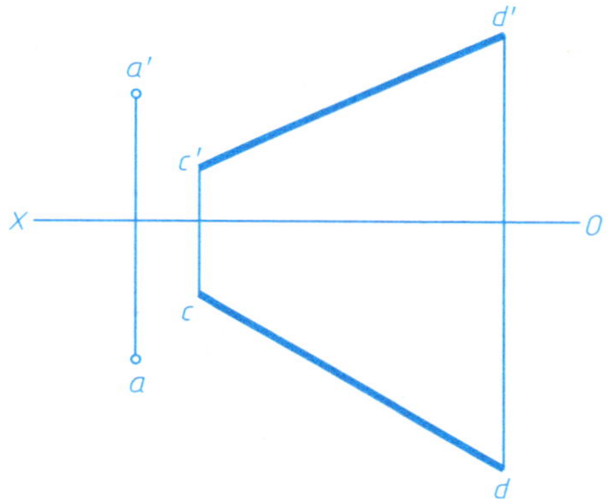

d' a' c' X O c a d

2-22　求作一距 H 面为 20mm 的水平线，与直线 AB、CD 都相交。

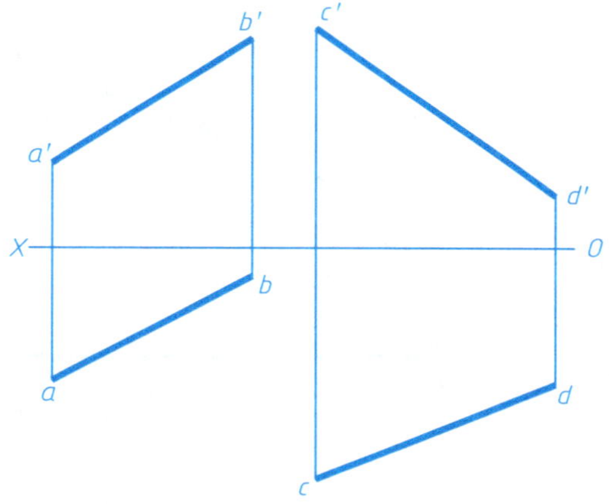

b' c' a' d' X O b a d c

2-23　求 AB 线段的实长及对 H、V 面的夹角 α、β。

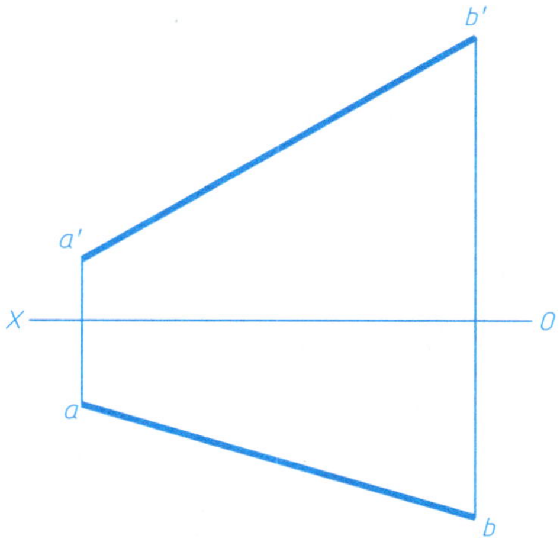

b' a' X O a b

2-24　在 AB 线段上截取 $AC=20$mm。

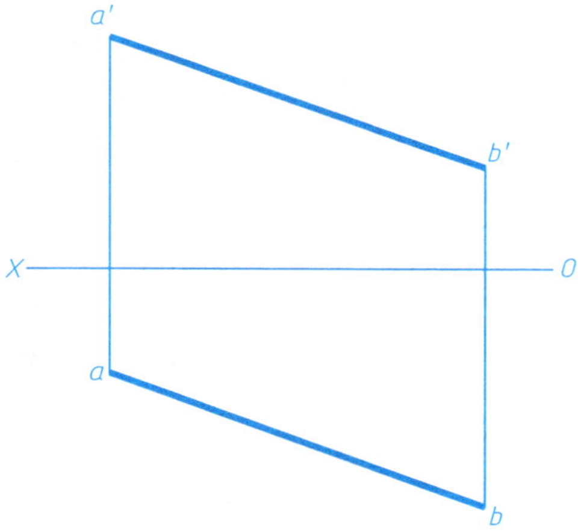

a' b' X O a b

2-25　已知线段 AB 对 H 面的夹角 $\alpha=30°$，求它的水平投影。

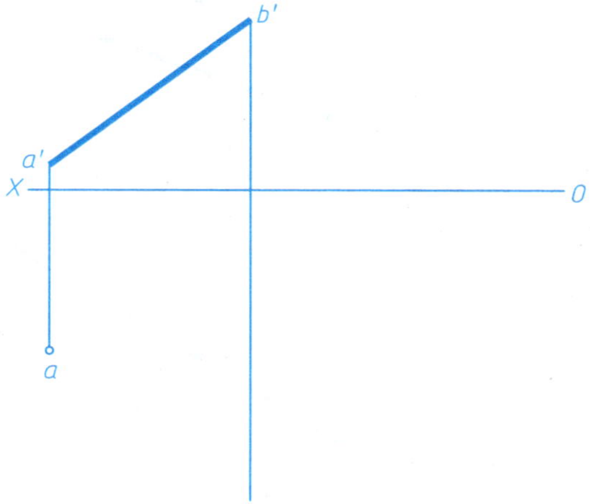

b' a' X O a

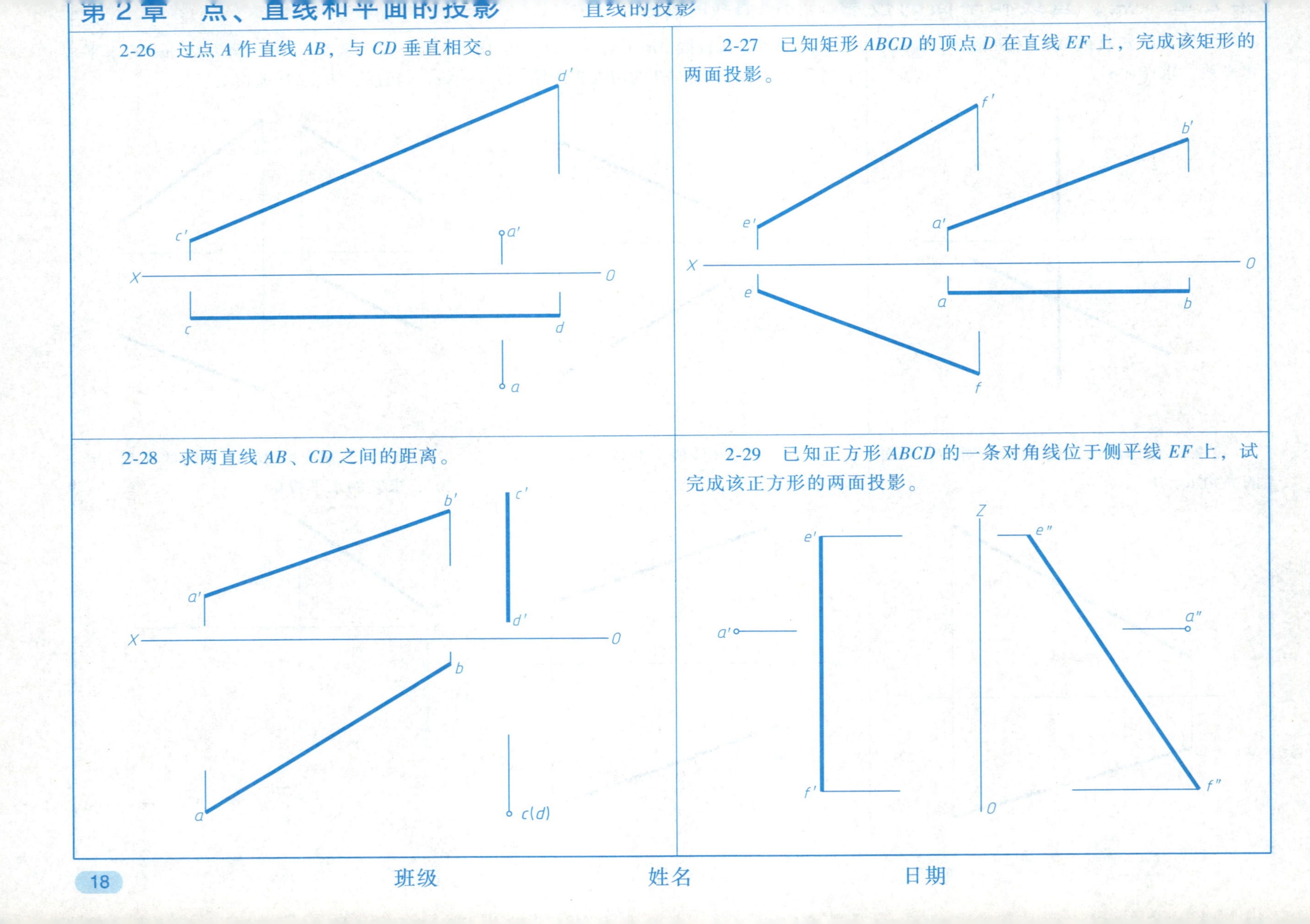

2-26　过点 *A* 作直线 *AB*，与 *CD* 垂直相交。

2-27　已知矩形 *ABCD* 的顶点 *D* 在直线 *EF* 上，完成该矩形的两面投影。

2-28　求两直线 *AB*、*CD* 之间的距离。

2-29　已知正方形 *ABCD* 的一条对角线位于侧平线 *EF* 上，试完成该正方形的两面投影。

2-30 已知三角形顶点 *A*、*B* 和 *C*，求作三角形 *ABC* 的直观图和三面投影图。

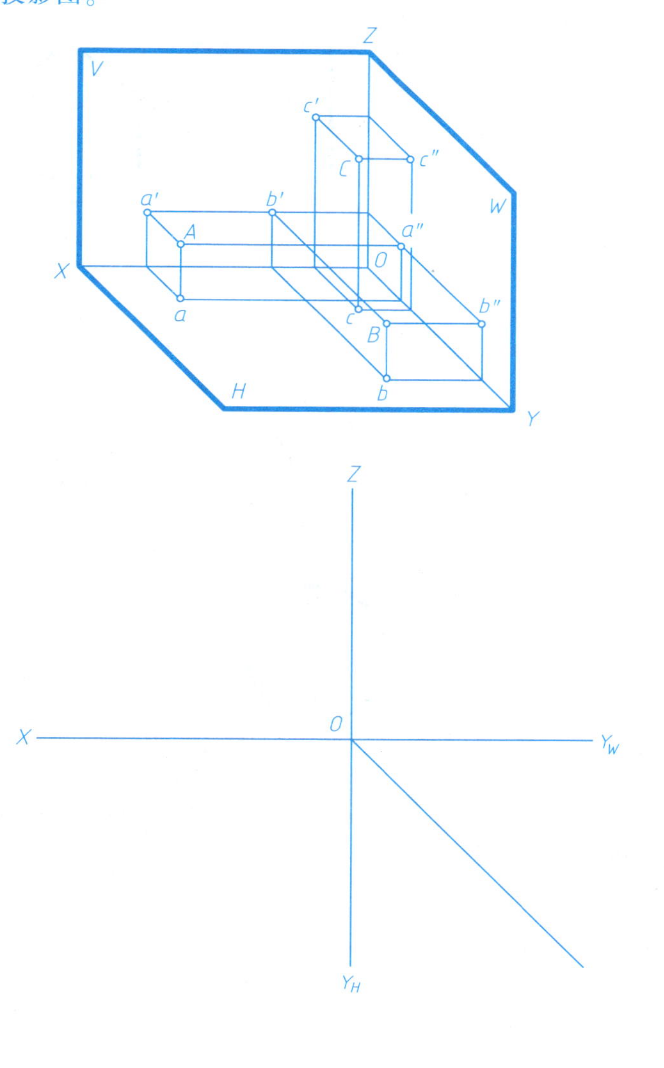

2-31 指出三棱锥各棱面都是何种平面，并注出实形投影和积聚投影。

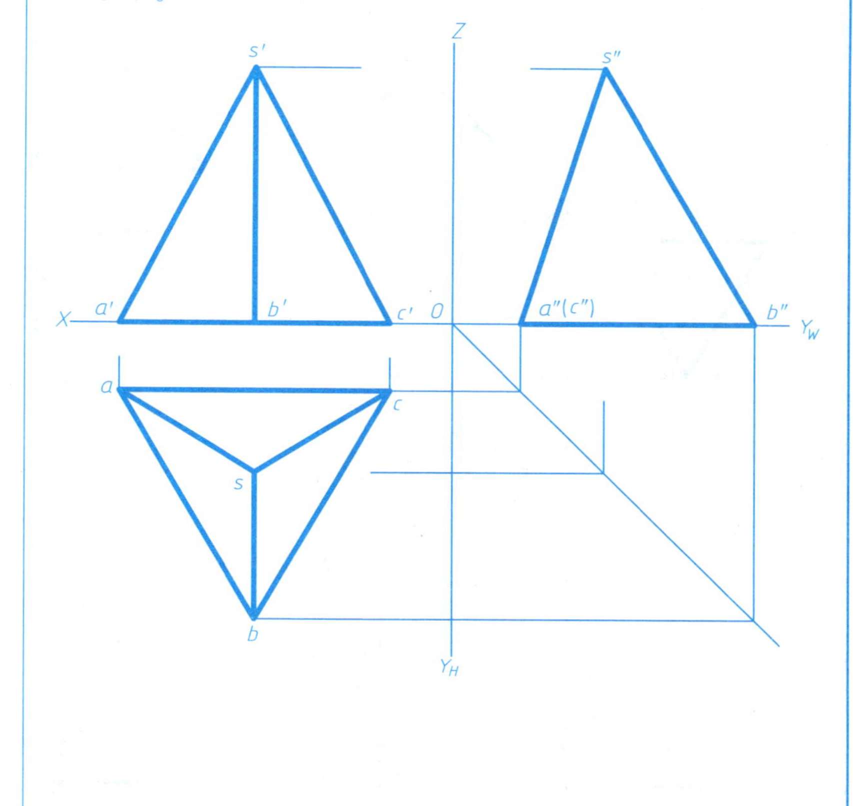

平面	平面种类	投影特性	
		实形投影	积聚投影
ABC（示例）	水平面	*abc*	*a'b'c'*、*a''b''c''*
SAB			
SBC			
SAC			

班级　　　　姓名　　　　日期

2-32　补出各平面形的第三投影，并注明是何种平面。

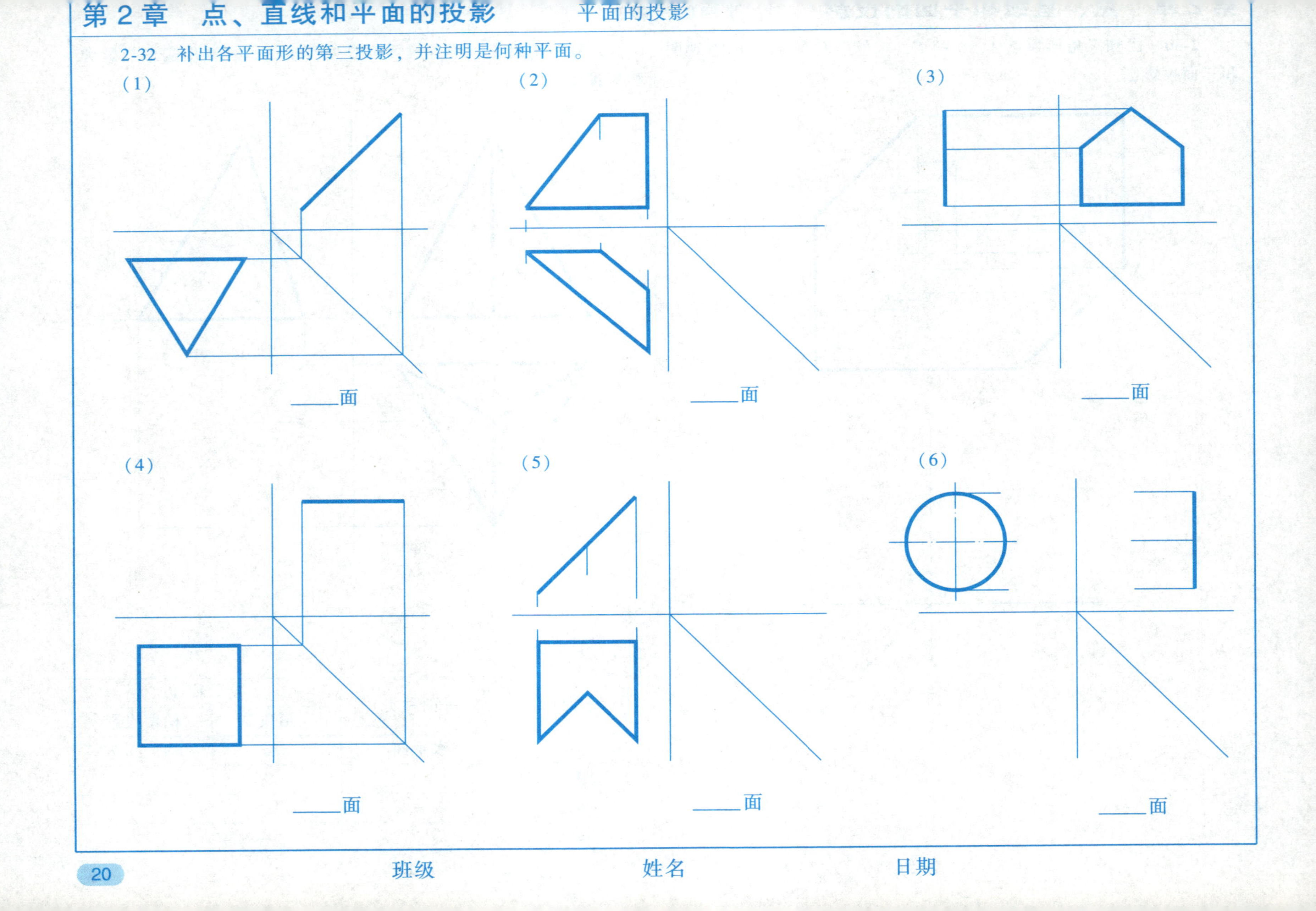

　班级　　姓名　　日期

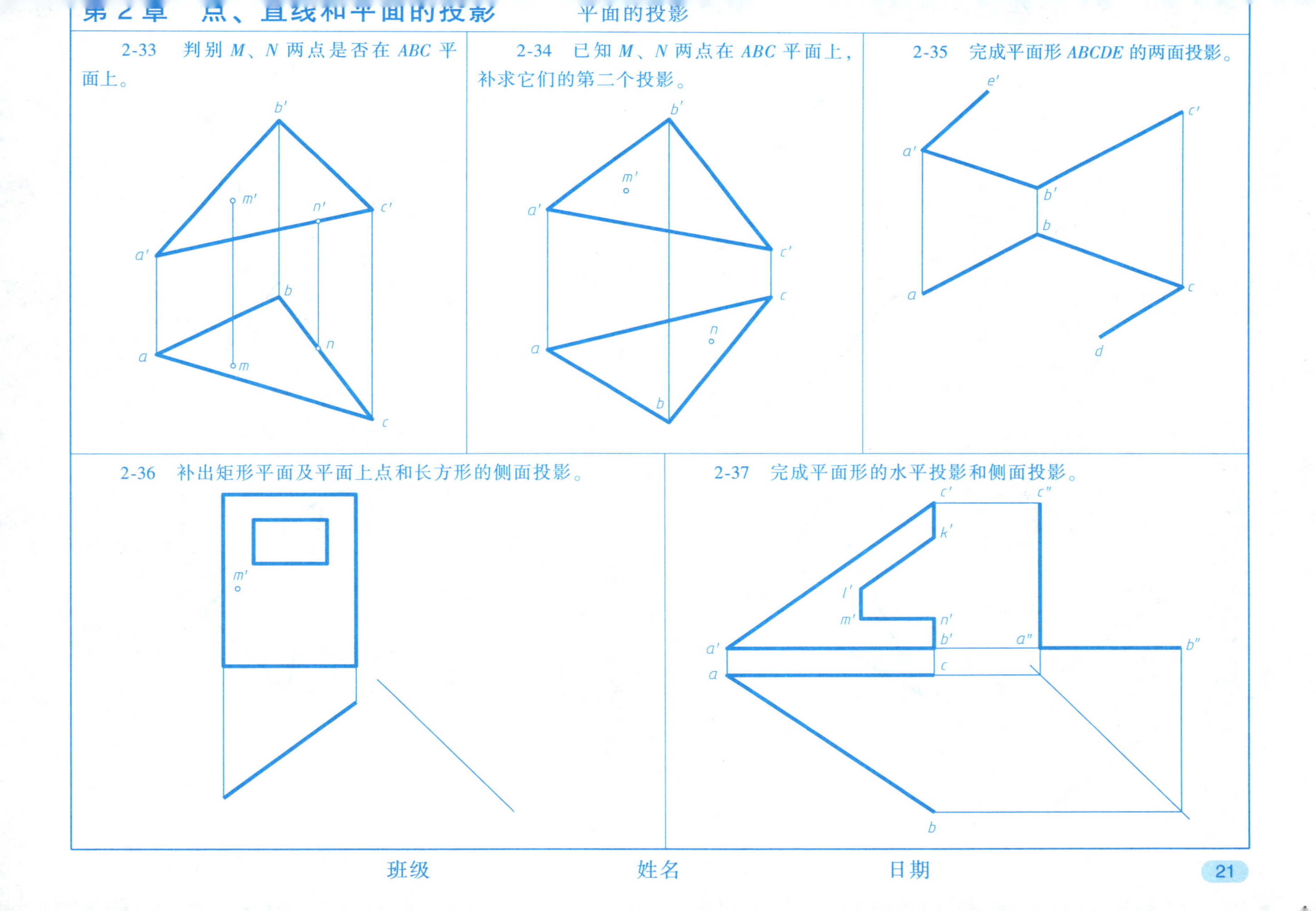
2-33　判别 M、N 两点是否在 ABC 平面上。
b'
m'
n'
c'
a'
b
n
a
m
c
2-34　已知 M、N 两点在 ABC 平面上，补求它们的第二个投影。
b'
m'
a'
c'
c
n
a
b
2-35　完成平面形 ABCDE 的两面投影。
e'
c'
a'
b'
b
a
c
d
2-36　补出矩形平面及平面上点和长方形的侧面投影。
m'
2-37　完成平面形的水平投影和侧面投影。
c'
c"
k'
l'
m'
n'
a'
b'
a"
b"
a
c
b

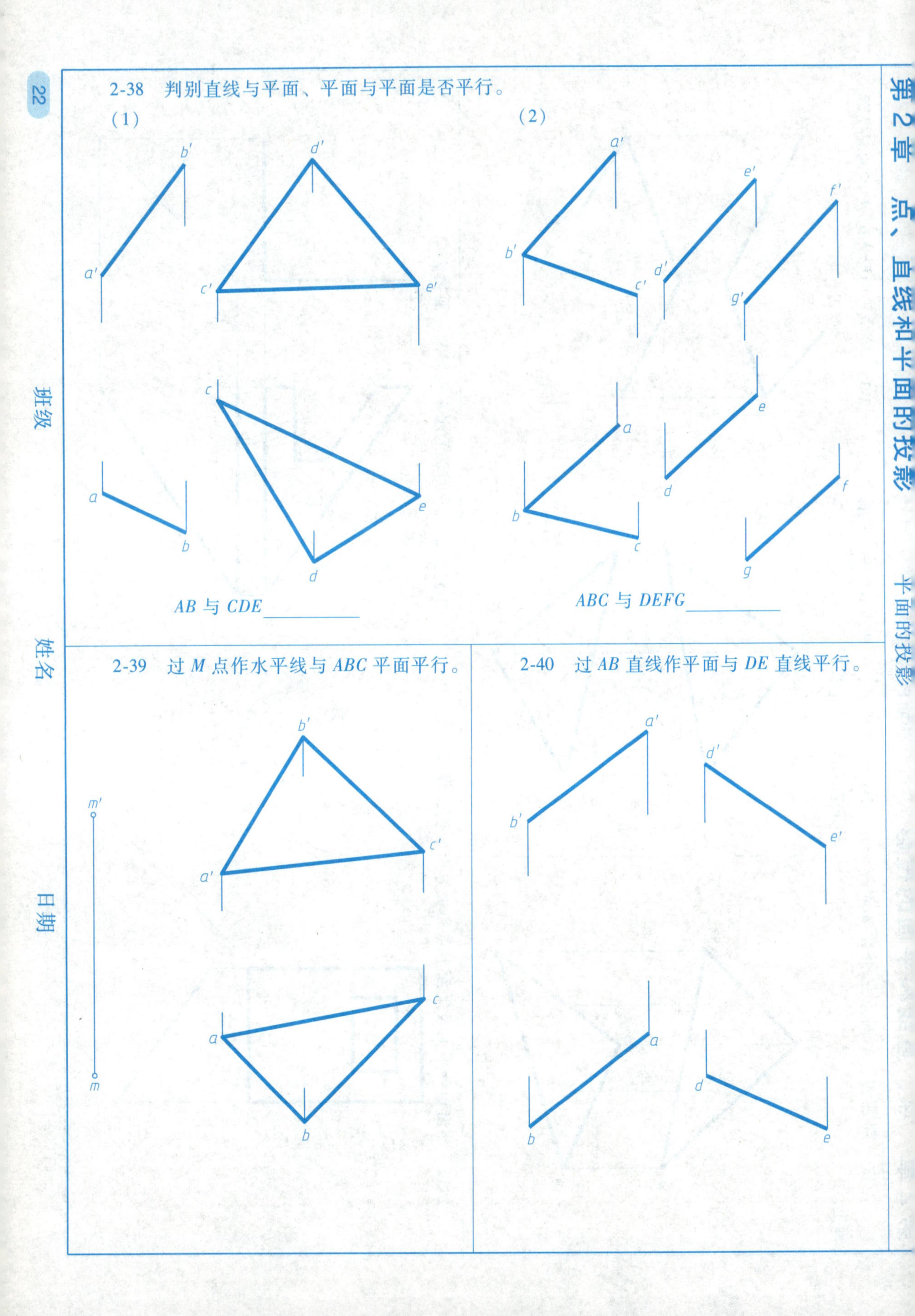
2-38　判别直线与平面、平面与平面是否平行。
（1）
AB 与 CDE ________
（2）
ABC 与 DEFG ________
2-39　过 M 点作水平线与 ABC 平面平行。
2-40　过 AB 直线作平面与 DE 直线平行。

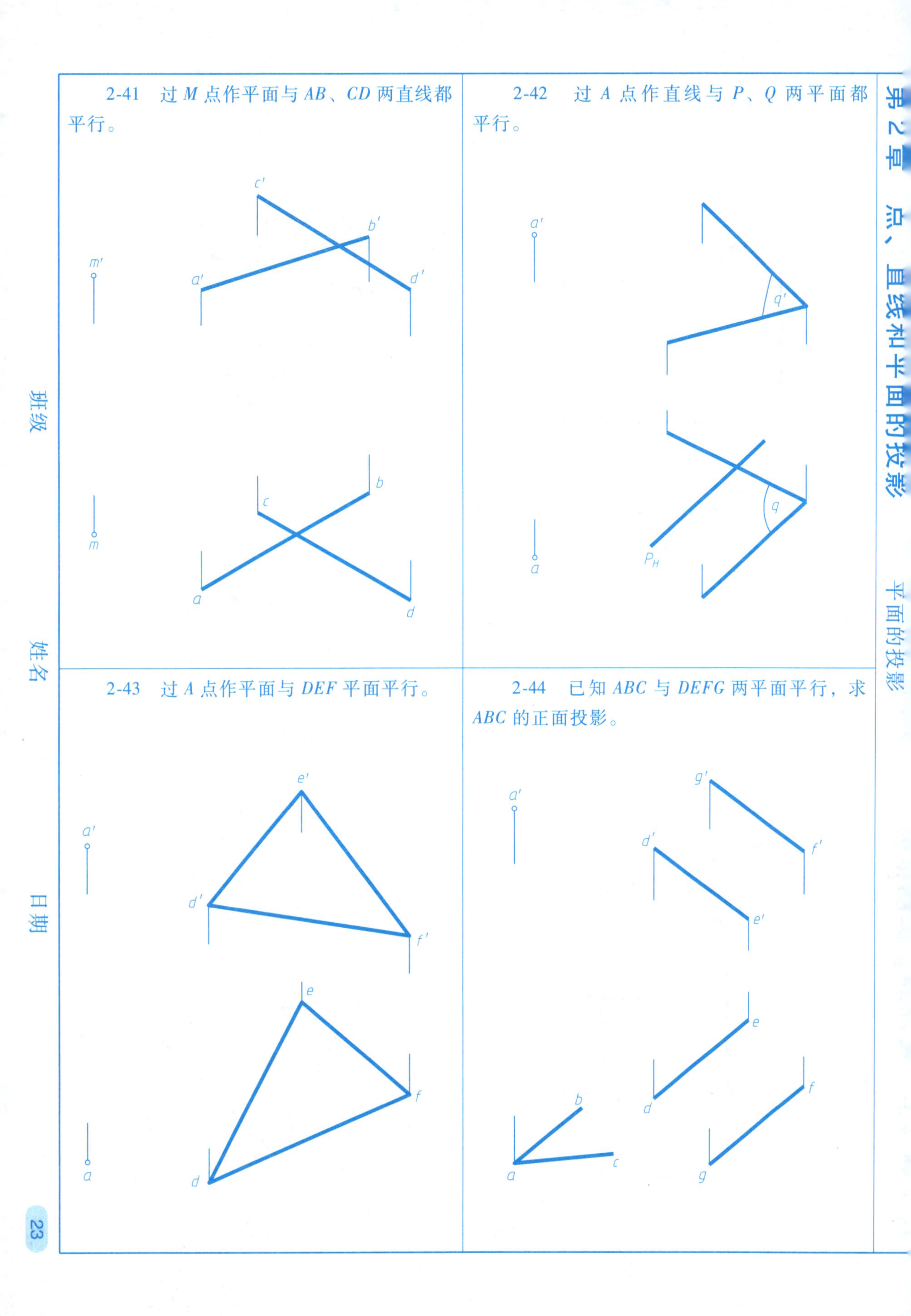
2-41　过 M 点作平面与 AB、CD 两直线都平行。
c'
b'
m'
a'
d'
b
c
m
a
d
2-42　过 A 点作直线与 P、Q 两平面都平行。
a'
q'
q
a
P_H
2-43　过 A 点作平面与 DEF 平面平行。
e'
a'
d'
f'
e
f
a
d
2-44　已知 ABC 与 DEFG 两平面平行，求 ABC 的正面投影。
g'
a'
d'
f'
e'
e
b
d
f
a
c
g

2-45　求直线与平面的交点，并判别直线的可见性。

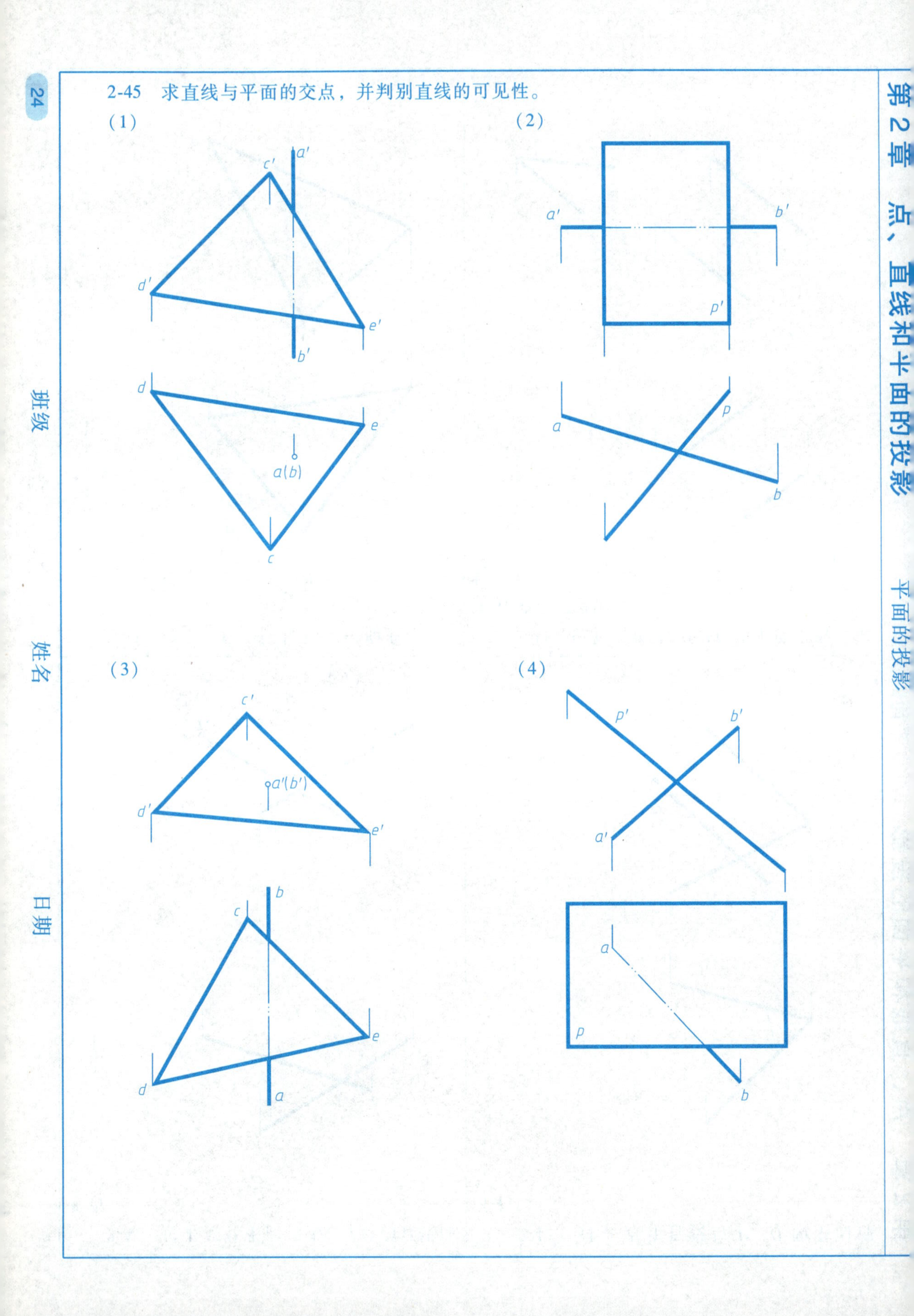

班级　　　　姓名　　　　日期

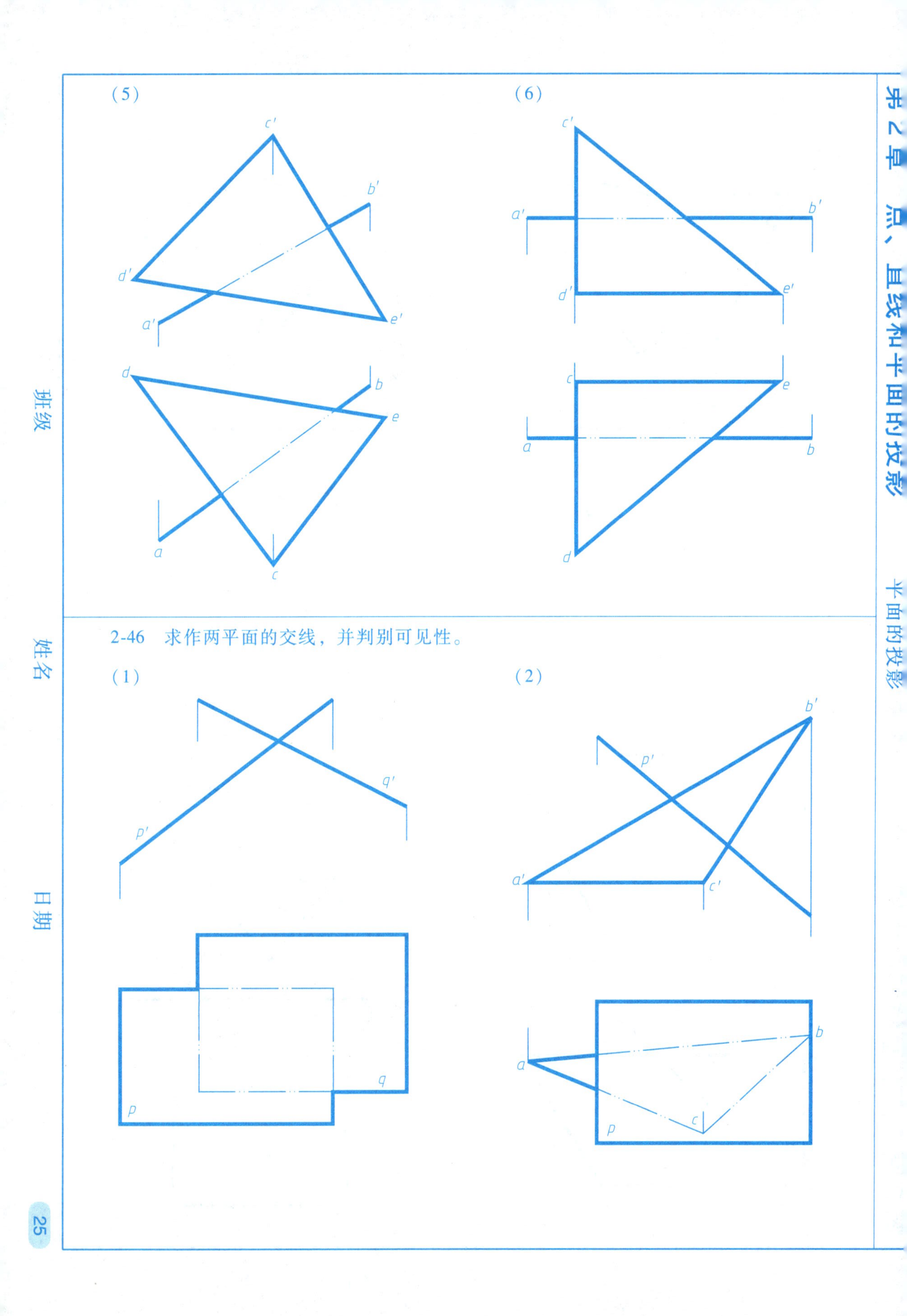

2-46 求作两平面的交线，并判别可见性。

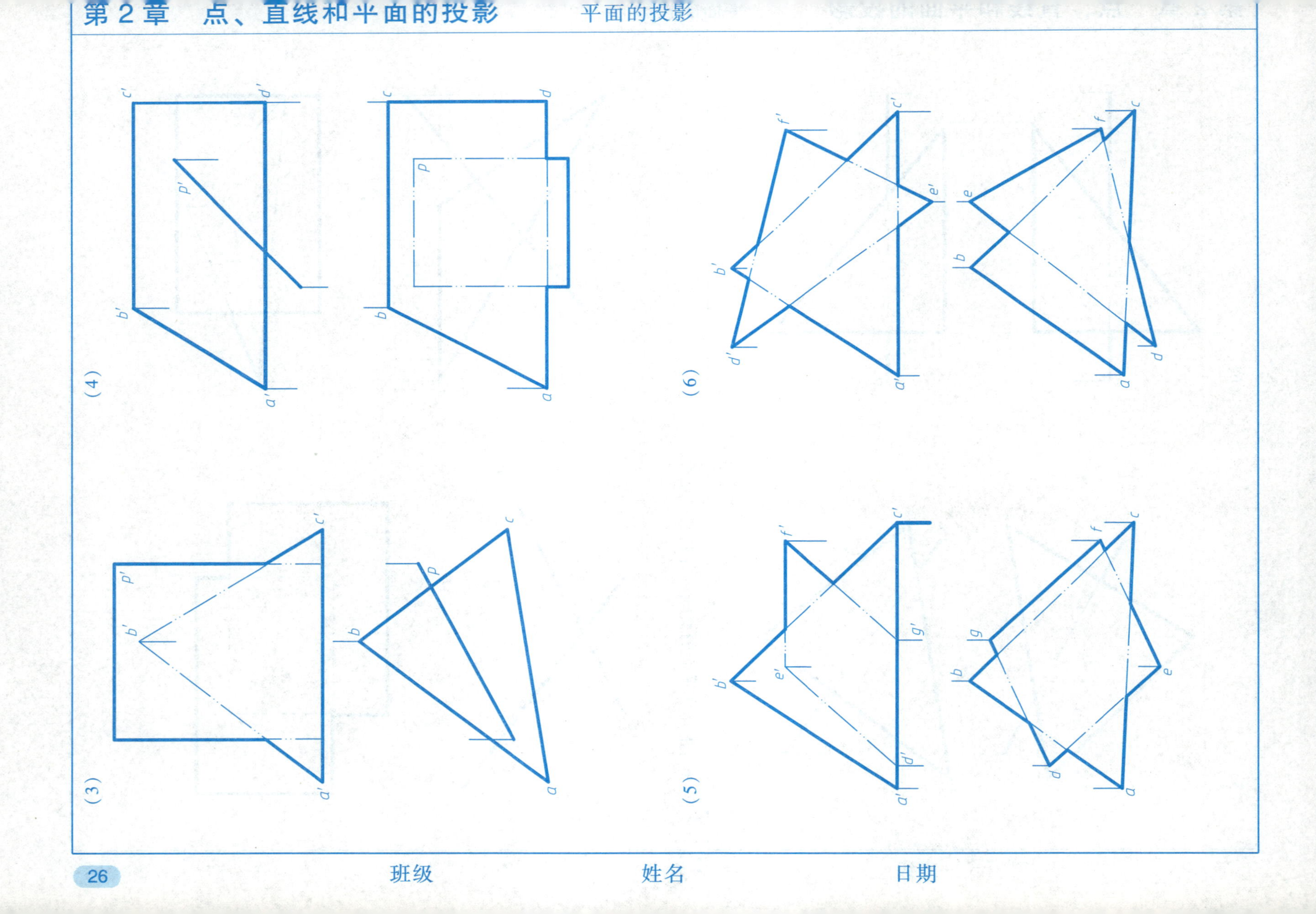
(4)
c'
d'
p'
b'
a'
c
d
p
b
a
(6)
f'
c'
e'
b'
d'
a'
e
f
c
b
d
a
(3)
c'
p'
b'
a'
c
p
b
a
(5)
f'
c'
g'
e'
b'
d'
a'
f
c
g
b
e
d
a

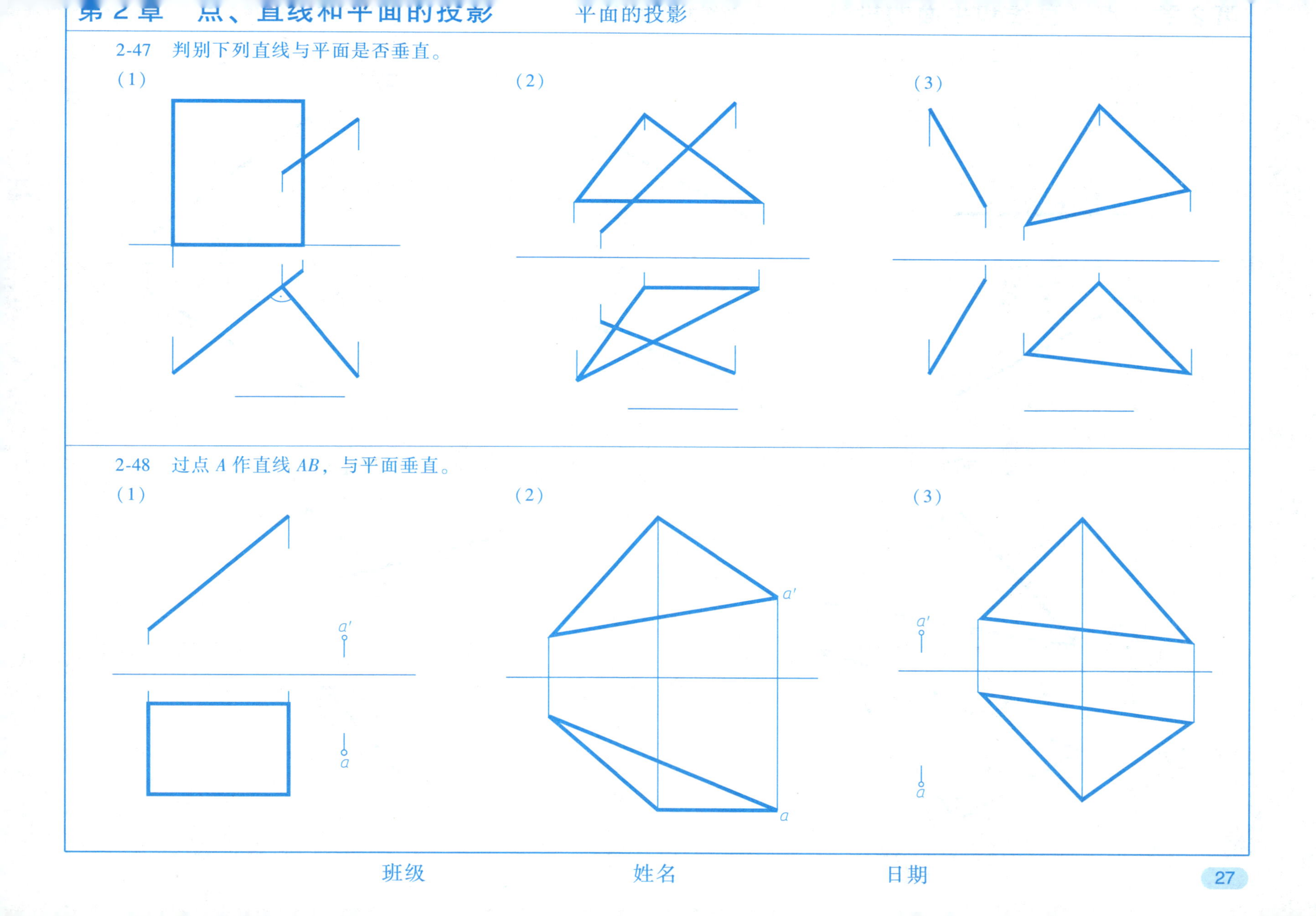

2-47 判别下列直线与平面是否垂直。

2-48 过点 A 作直线 AB，与平面垂直。

班级 姓名 日期

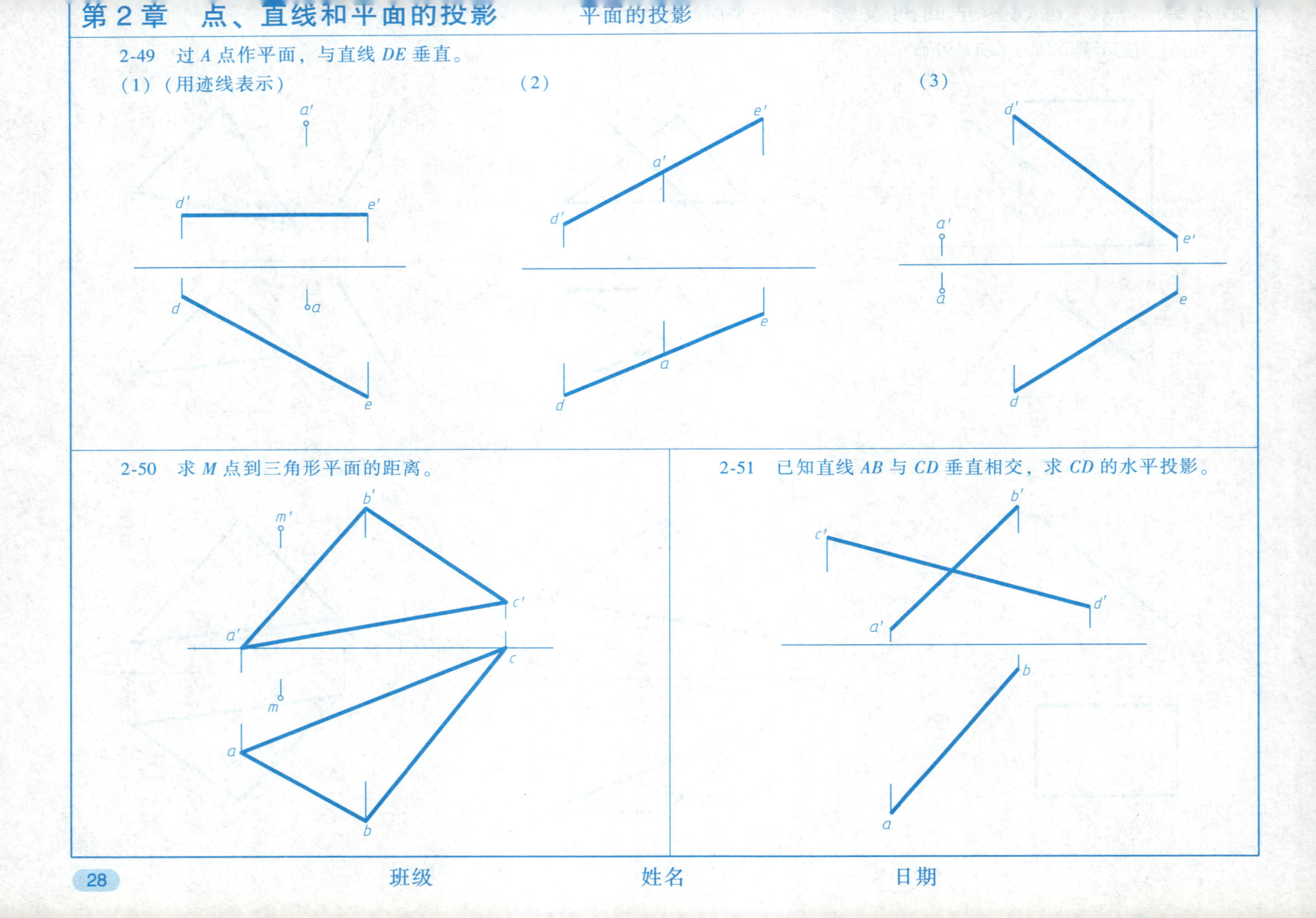
2-49　过 A 点作平面，与直线 DE 垂直。
(1)（用迹线表示）
(2)
(3)
a′
d′
e′
d
a
e
2-50　求 M 点到三角形平面的距离。
b′
m′
c′
a′
c
m
a
b
2-51　已知直线 AB 与 CD 垂直相交，求 CD 的水平投影。
b′
c′
d′
a′
b
a

班级　　姓名　　日期

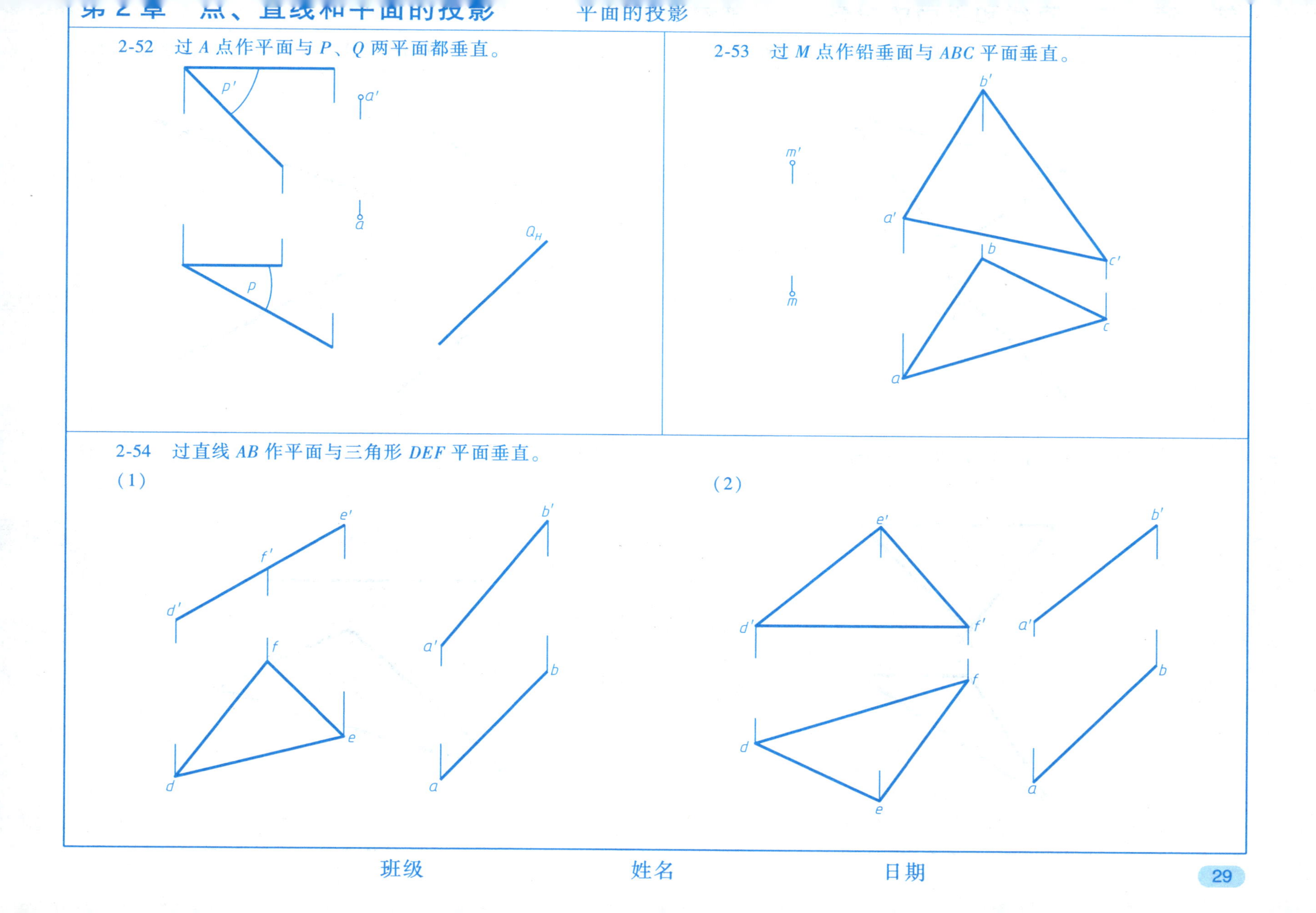
第 2 章　点、直线和平面的投影
平面的投影
2-52　过 A 点作平面与 P、Q 两平面都垂直。
p′
a′
a
p
Q_H
2-53　过 M 点作铅垂面与 ABC 平面垂直。
b′
m′
a′
b
c′
m
c
a
2-54　过直线 AB 作平面与三角形 DEF 平面垂直。
(1)
e′
b′
f′
d′
f
a′
b
e
d
a
(2)
e′
b′
d′
f′
a′
f
b
d
a
e
班级
姓名
日期
29

2-55　已知等腰三角形 ABC，AB 为底边，补全它的水平投影。

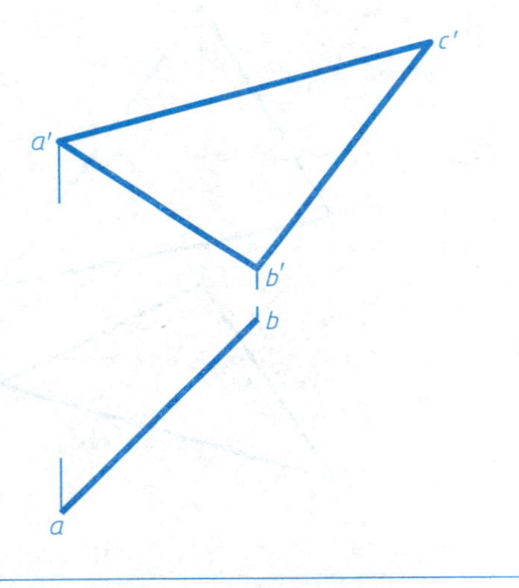

2-56　已知长方形 $ABCD$，C 点在 MN 直线上，完成它的两面投影。

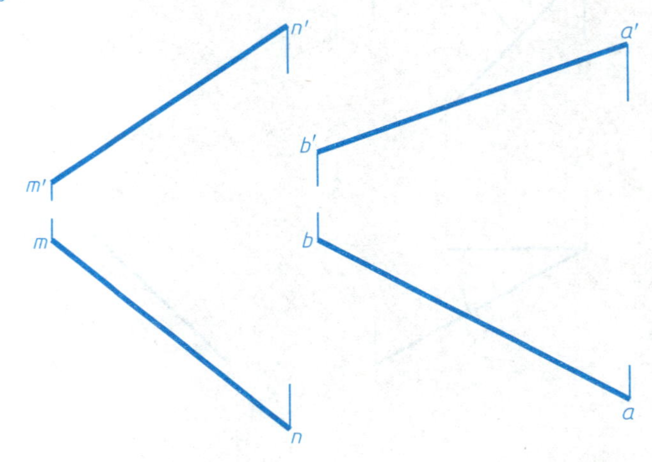

2-57　求作一平面与三角形 ABC 相距 35mm。

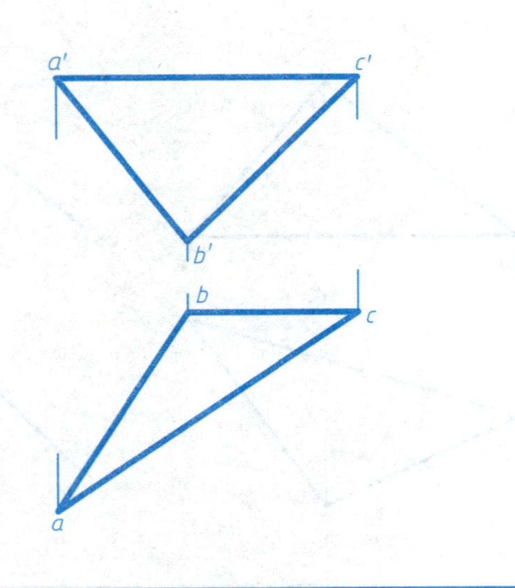

2-58　已知三角形 ABC 的 $\angle C$ 为直角，AB 为水平线，完成该三角形的正面投影。

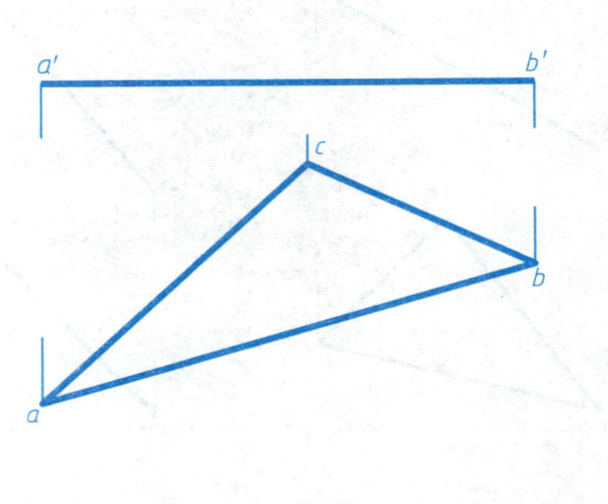

　班级　　姓名　　日期

3-1 求作 A、B 点在新投影面 V 上的新投影。

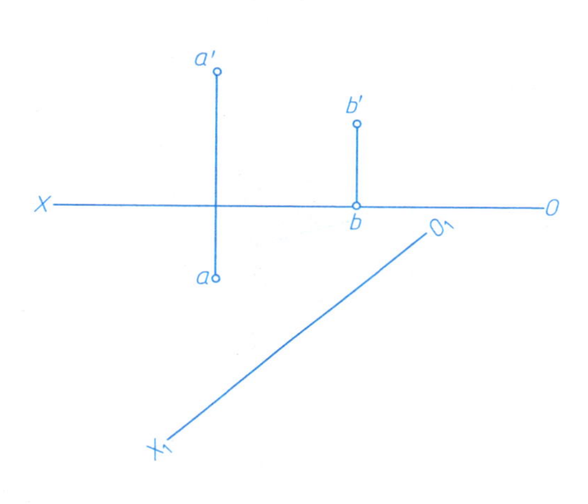

3-2 用换面法求线段 AB 的实长及对 H、V 面的倾角 α、β。

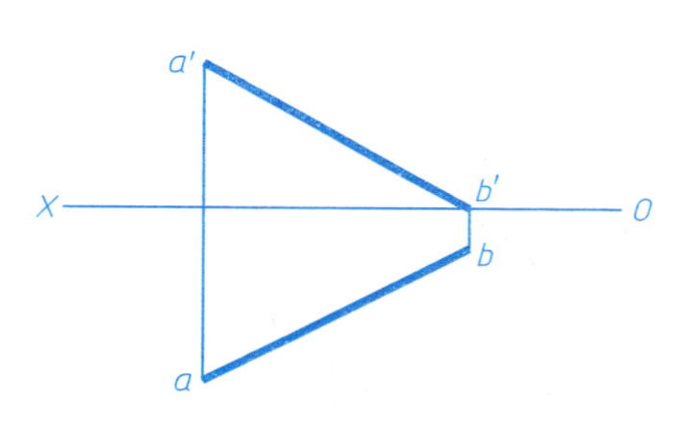

3-3 作新投影面 $V_1 \perp H$，使线段 BC 位于 V_1、H 构成的二面角平分面内，作出 BC 的新投影。

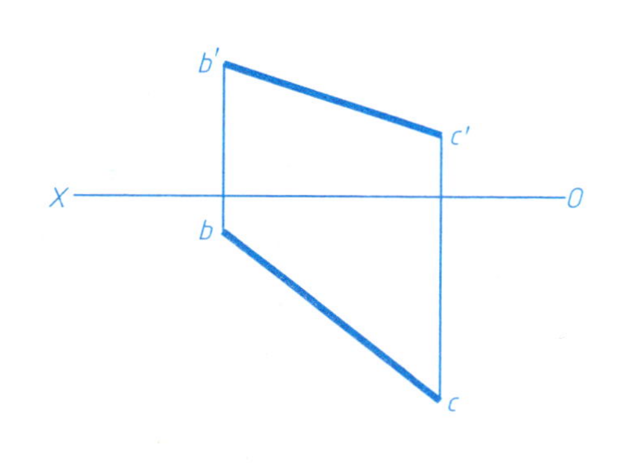

3-4 求作新投影面使其垂直于线段 AB，并作 AB 的新投影。

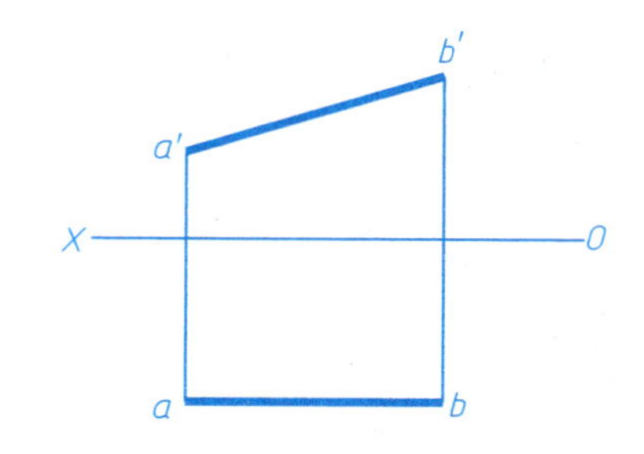

3-5　已知线段 AB 的实长，用换面法求其水平投影。本题有几个解？

3-6　求作 A 点两次换面的新投影轴（先换 H 面）。

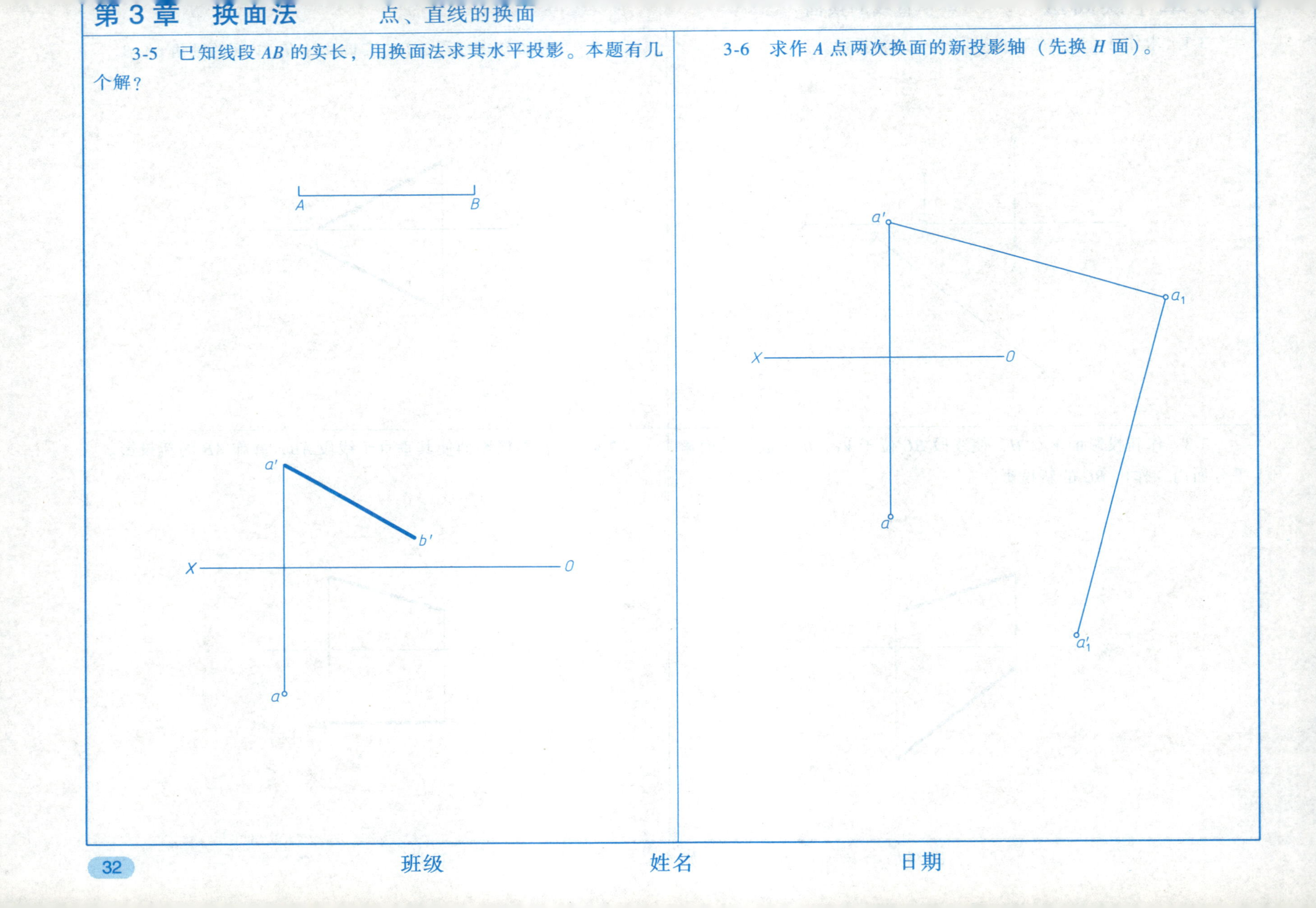

班级　　　　　　姓名　　　　　　日期

3-7 用换面法求作平面△ABC 对 H、V 面的倾角 α、β。

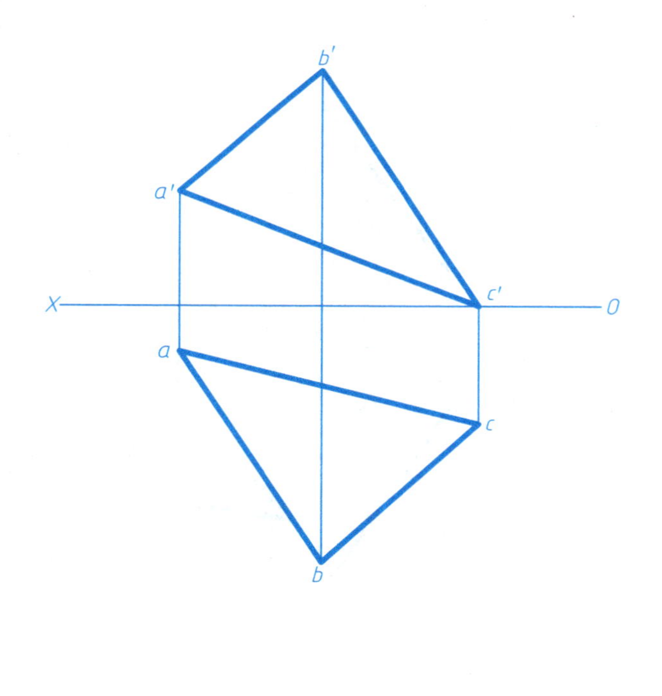

3-8 经一次换面后得出平面图形的实形，试补出该平面图形的正面投影。

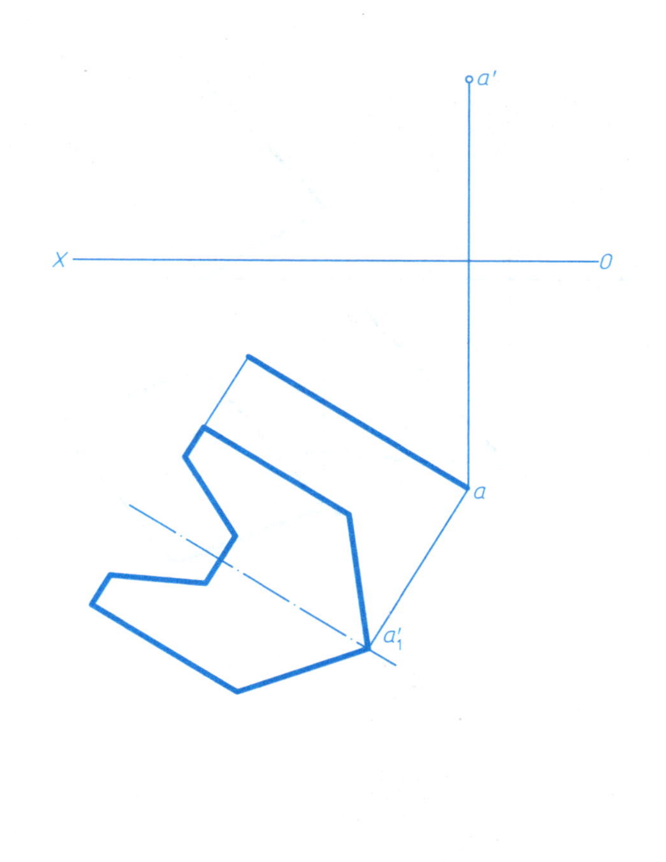

3-9 已知平行二平面的距离为 20mm，补出所缺的投影。

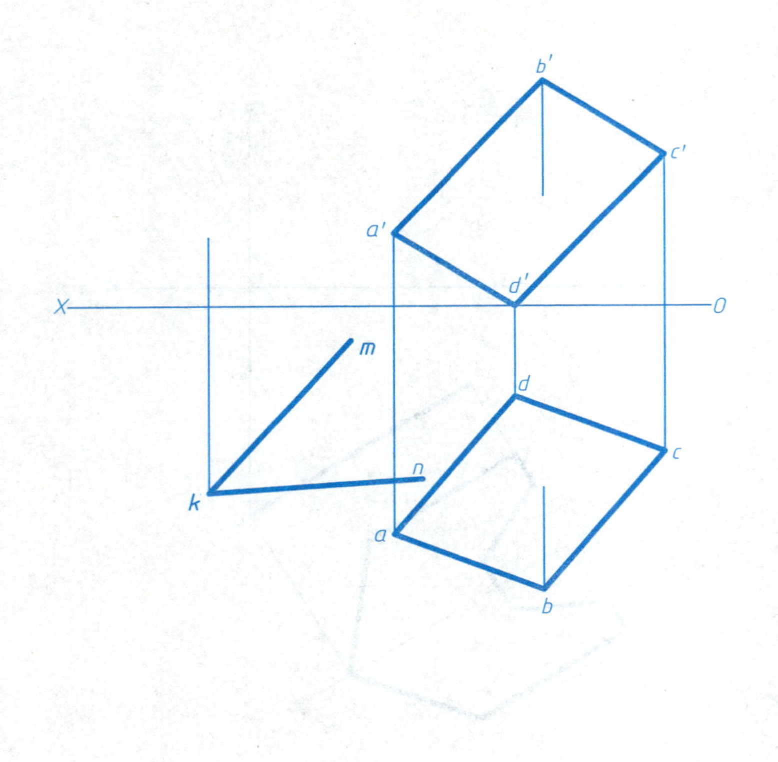

3-10 已知线段 EF 垂直于平面（$\triangle ABC$），且点 E 距该平面为 30mm，补出平面的正面投影。

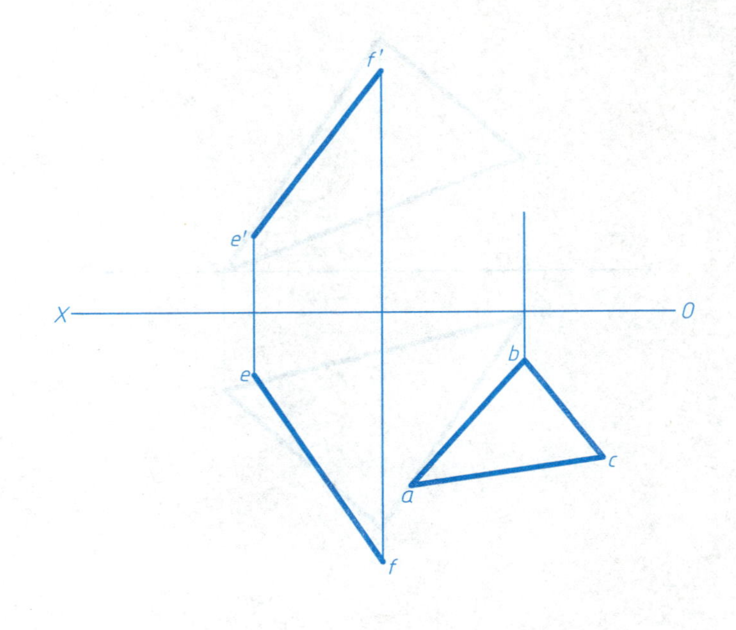

3-11　用换面法求平行二直线 *AB*、*CD* 间的距离。

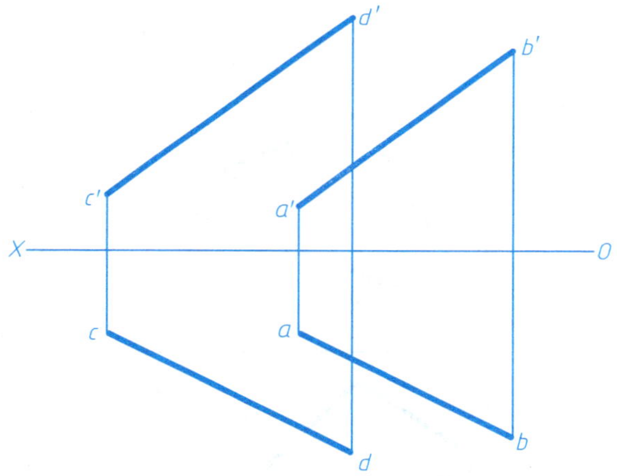

3-12　已知平行二直线间的距离为 20mm，用换面法补出。

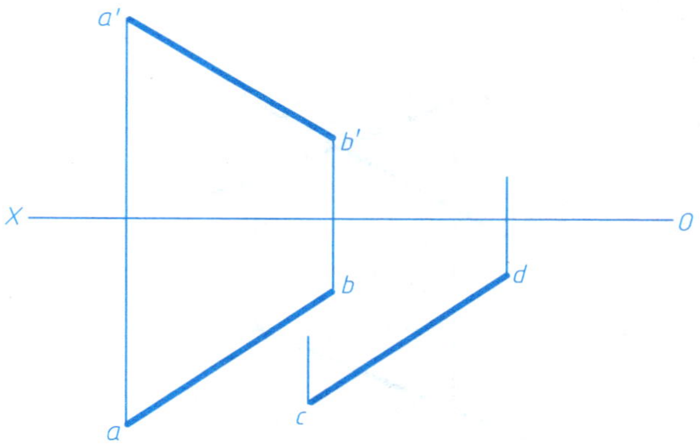

3-13　用换面法求异面直线 AB、CD 间的距离，并作出公垂线的各投影。

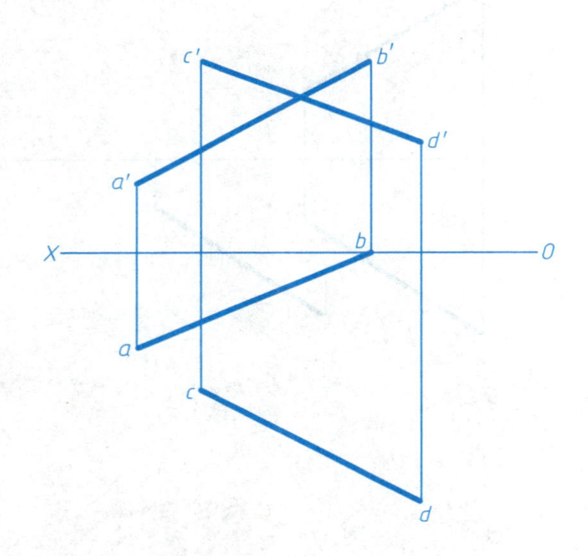

3-14　在△ABC 的边 BC 上求一点 D，使其到 AB 和 AC 的距离相等。

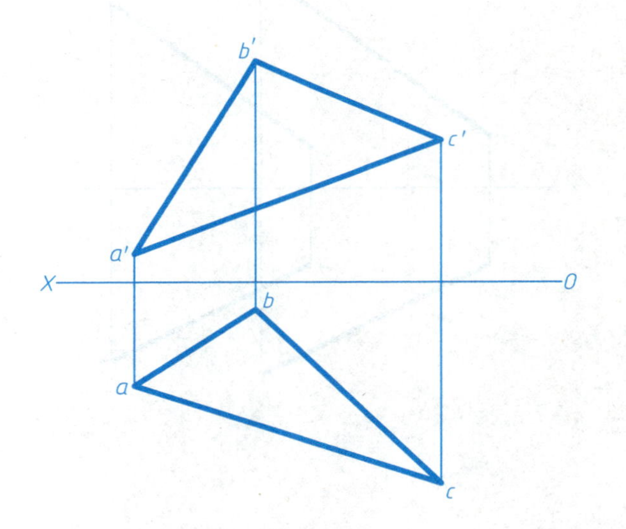

班级　　　　　　姓名　　　　　　日期

3-15　正方形 *ABCD* 的边 *BC* 在直线 *KM* 上，求作此正方形的投影。

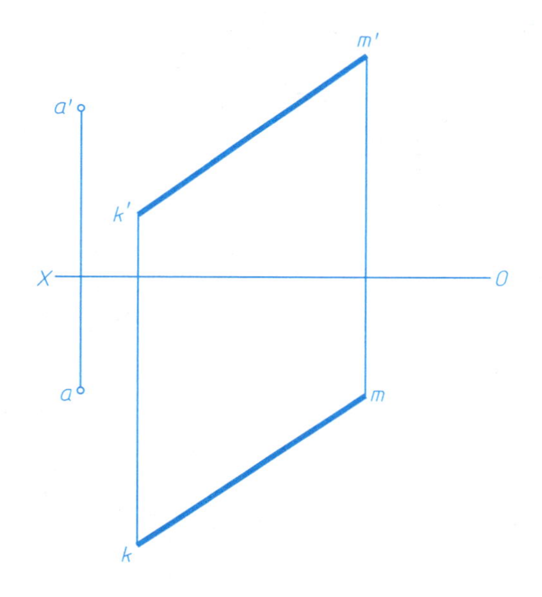

3-16　用换面法求相交两平面△*ABC* 和△*BCD* 的夹角。

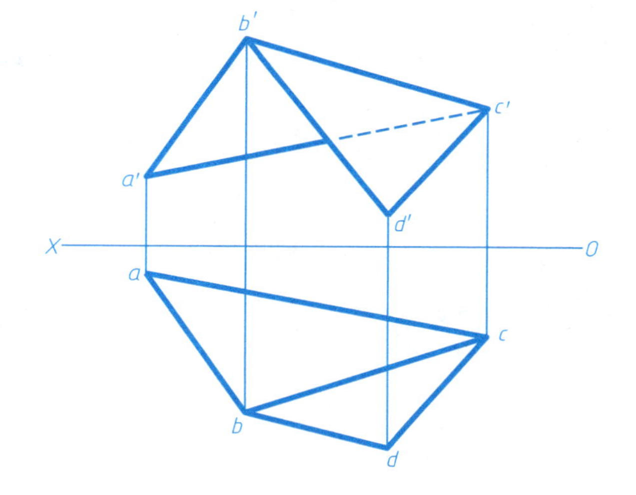

3-17　已知过△*ABC* 各顶点的球面的球心 *O* 距△*ABC* 为 10mm，求作球心的投影并求出半径实长。

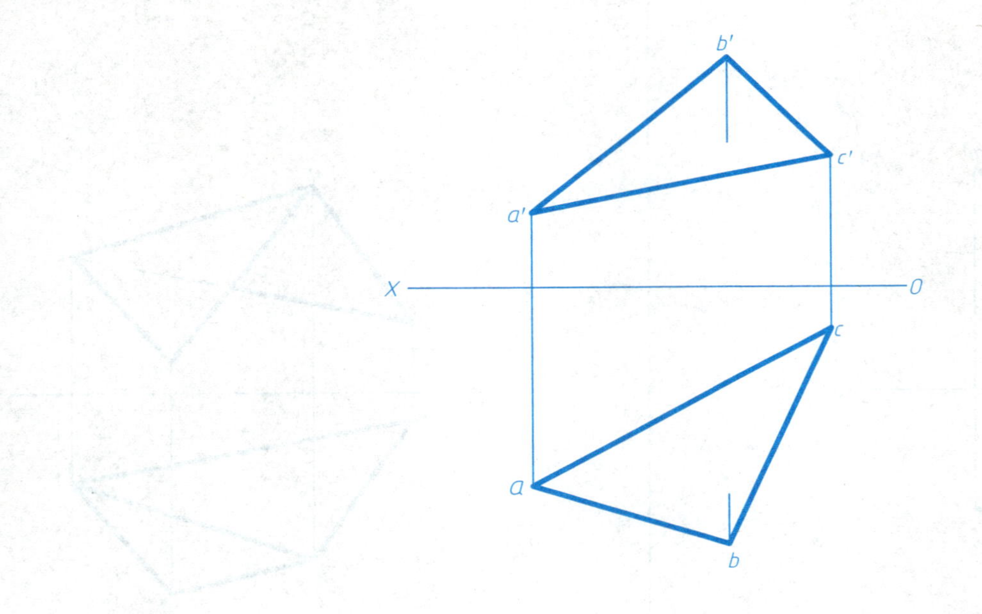

3-18　已知线段 MN 平行于 CD，且相距 20mm，与 AB 相交于 M 点，$MN=30$mm，用换面法求作 MN 的两面投影。

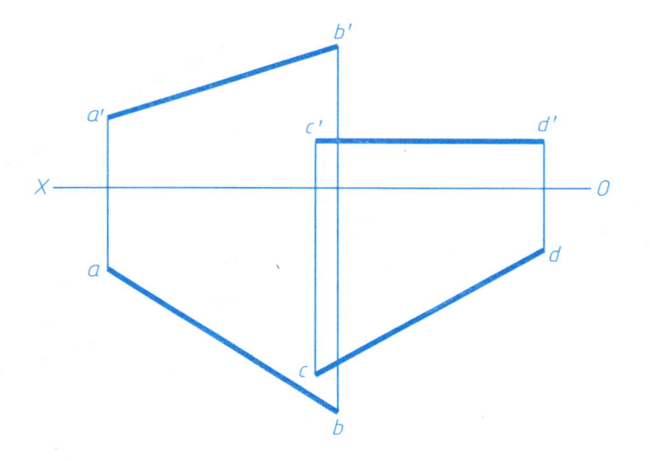

班级　　　　姓名　　　　日期

3-19　过 C 点作直线与已知直线 AB 成 60°角，且相交于 D 点。

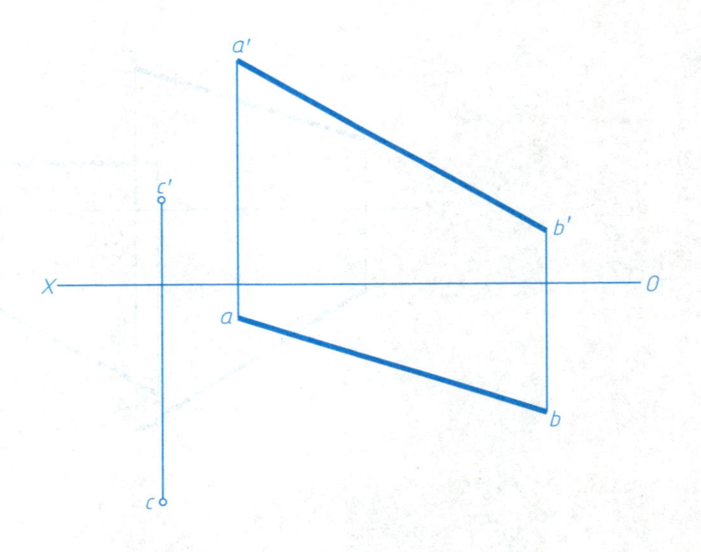

3-20　过 D 点作 $\triangle DEF$，使 $DE/\!/P$ 平面，$DF \perp ABC$ 平面，且 $\angle D=90°$。

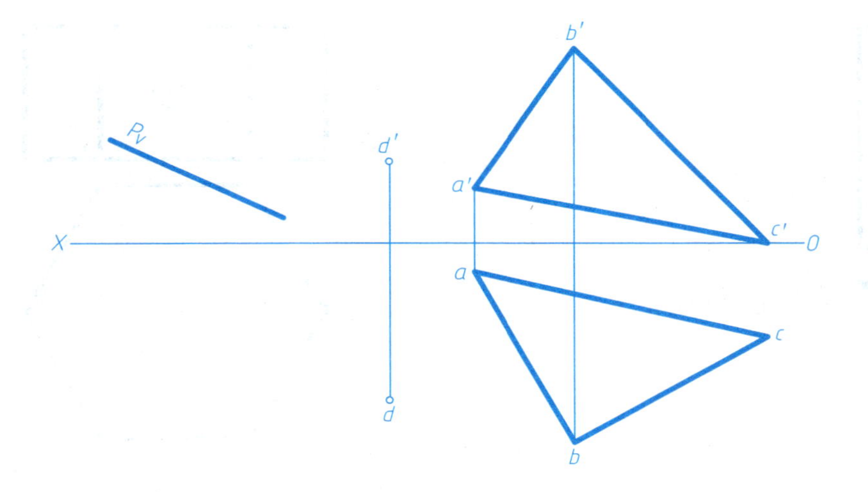

4-1　补画平面立体的侧面投影，并补全表面上各点的三面投影。

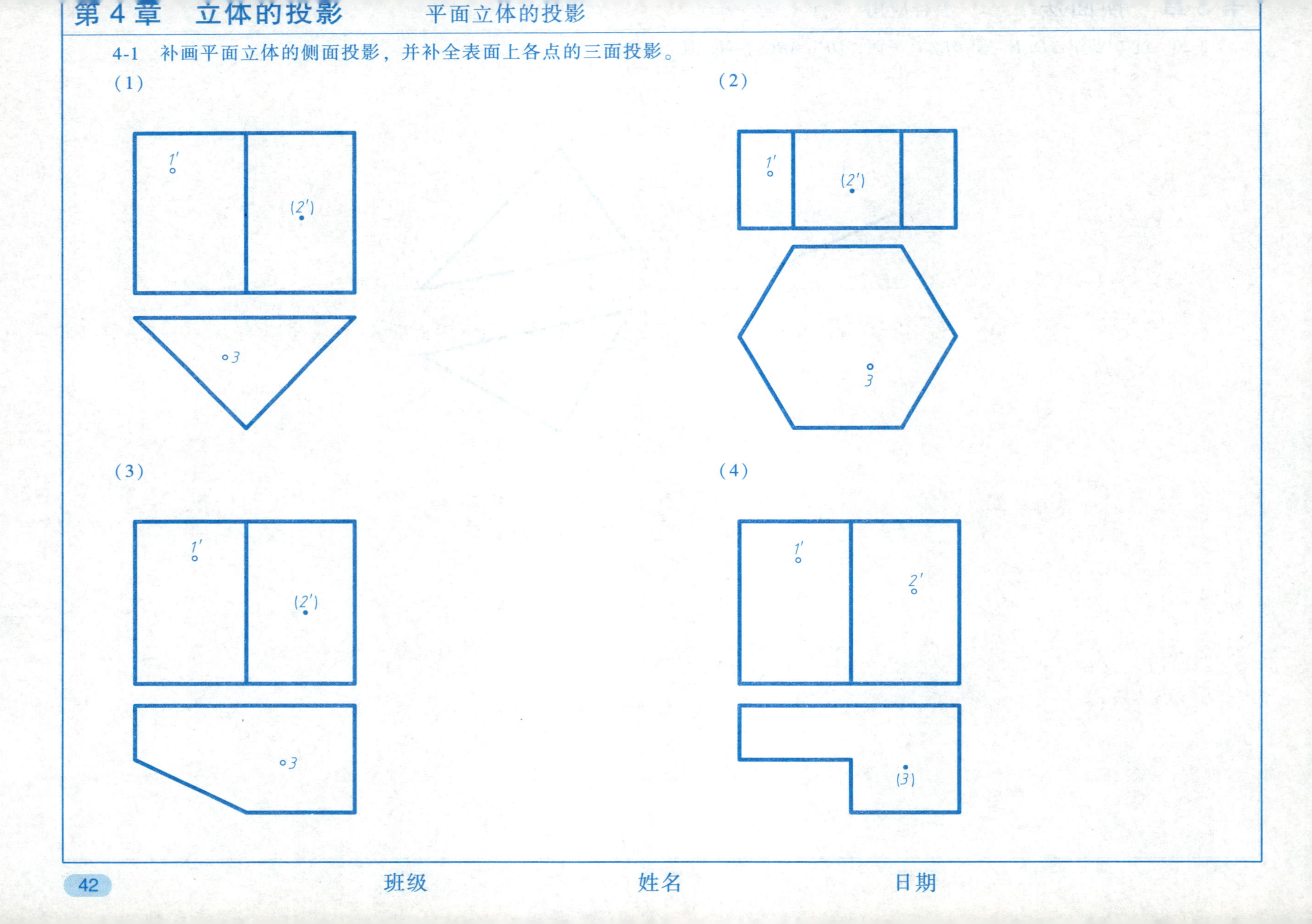

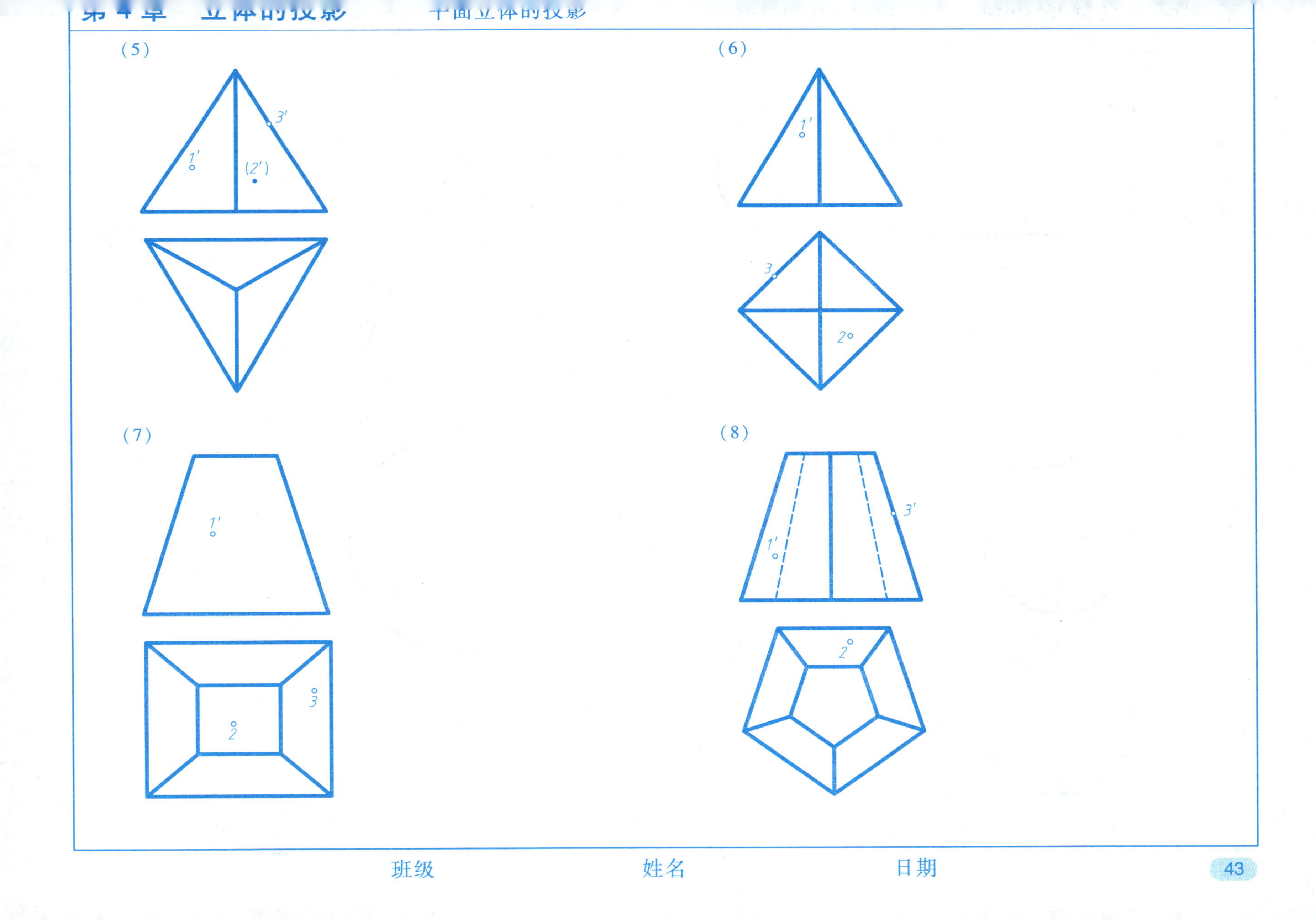

班级　　　　姓名　　　　日期

4-2　补画曲面立体的第三个投影，并补全表面上各点的三面投影。

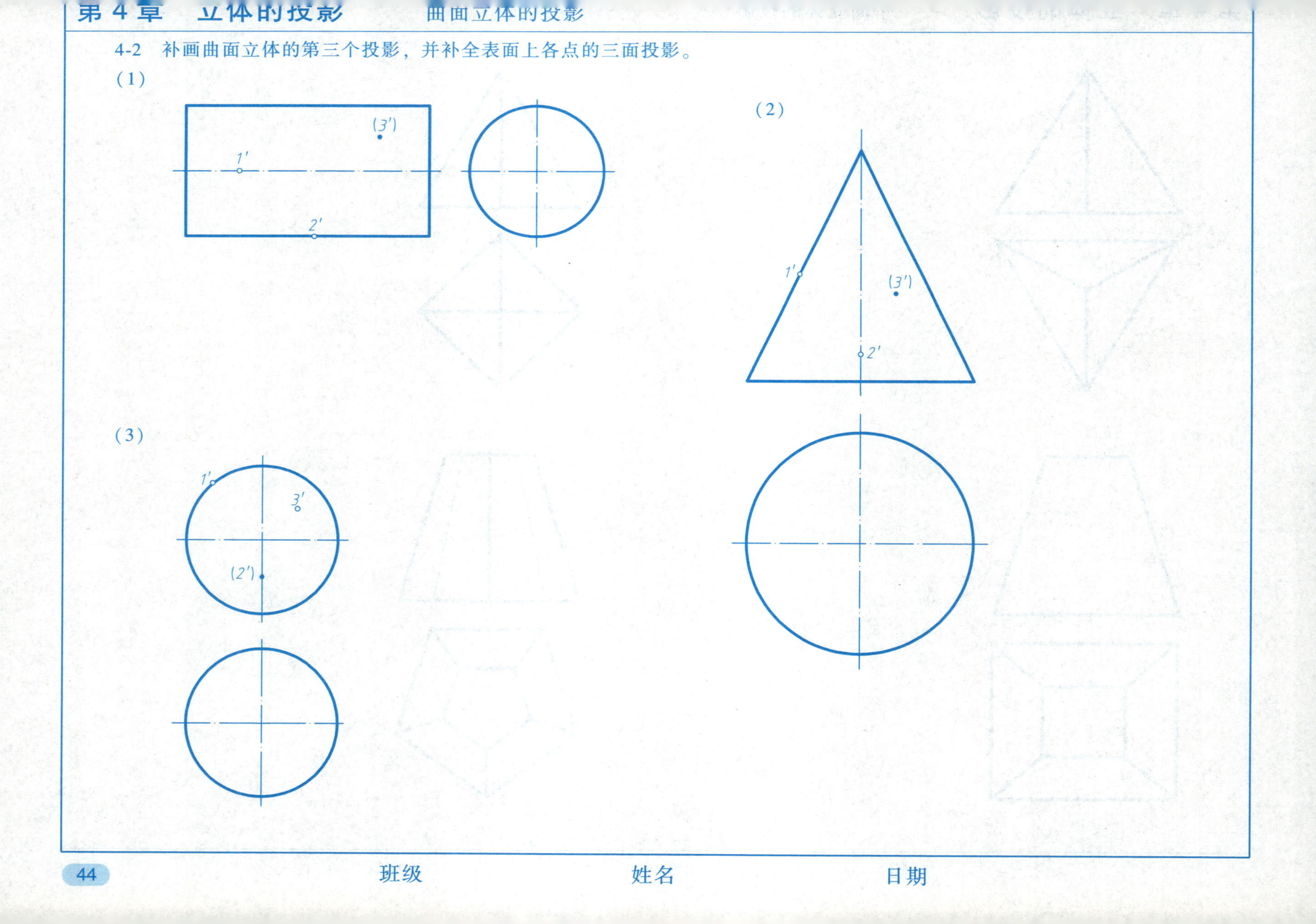

4-3 完成曲面上所给曲线的三面投影。

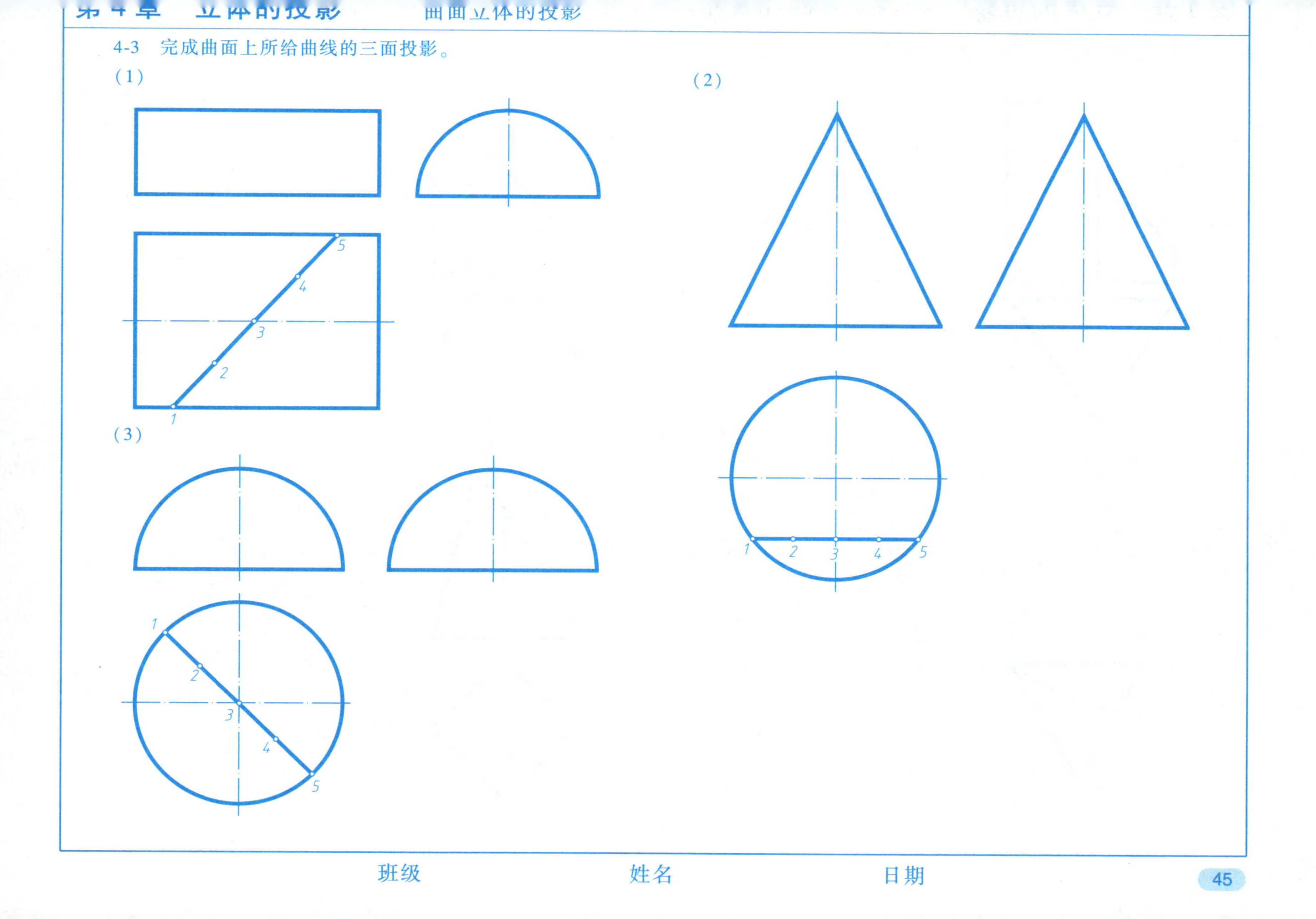

班级 姓名 日期

4-4　完成被切割的平面立体的三面投影。

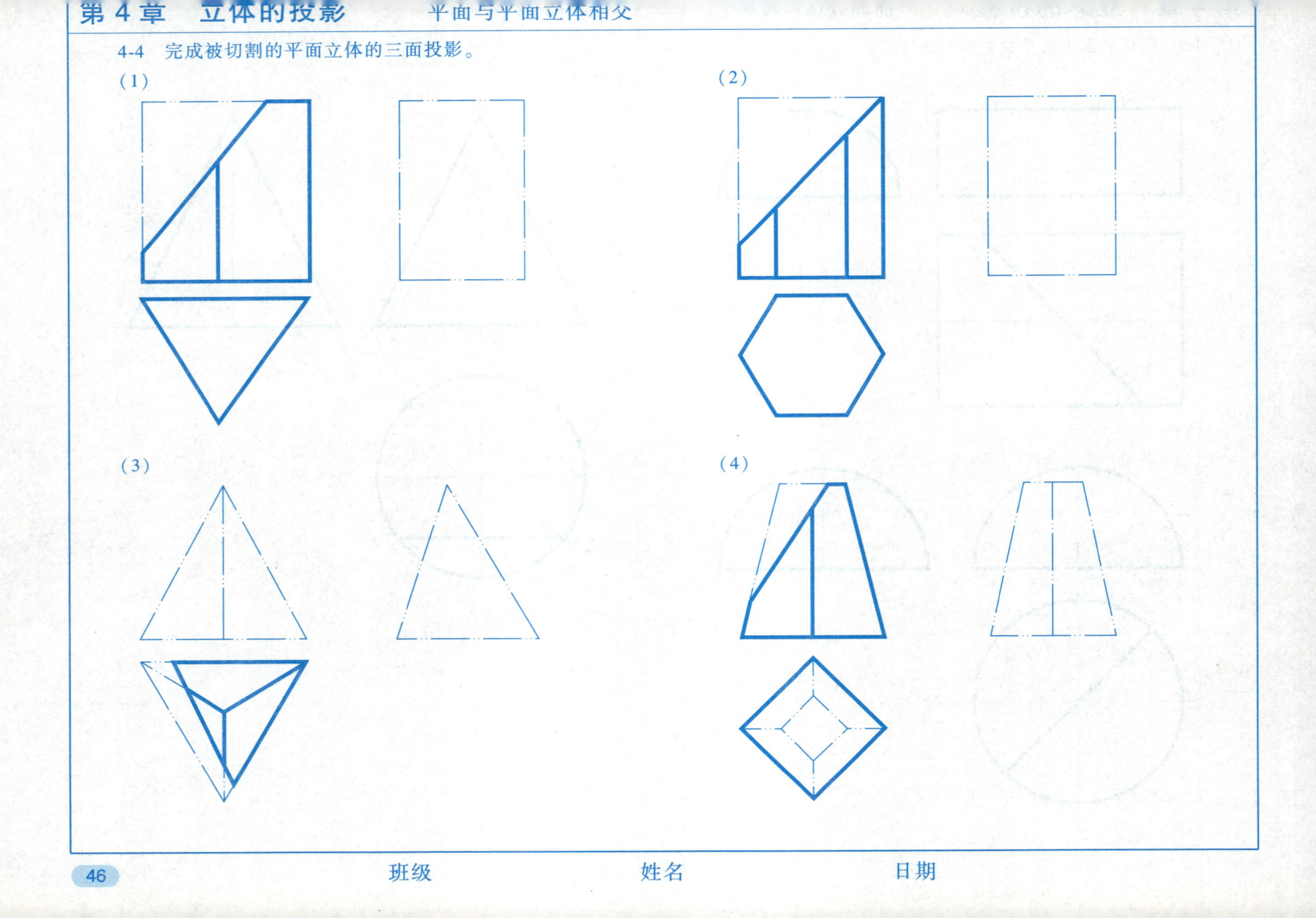

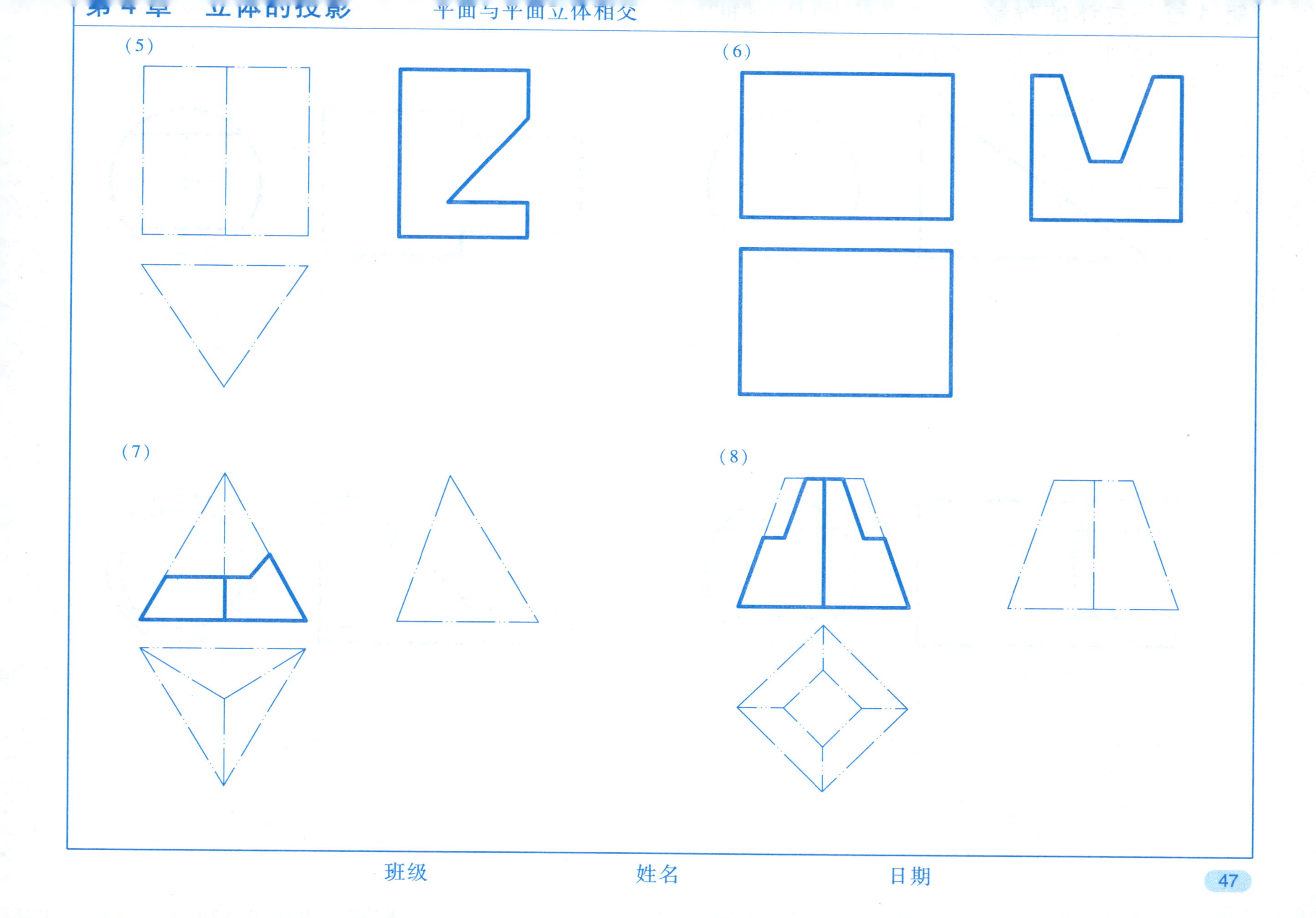
(5)
(6)
(7)
(8)

4-5　补画圆柱、圆管切割体的水平投影。

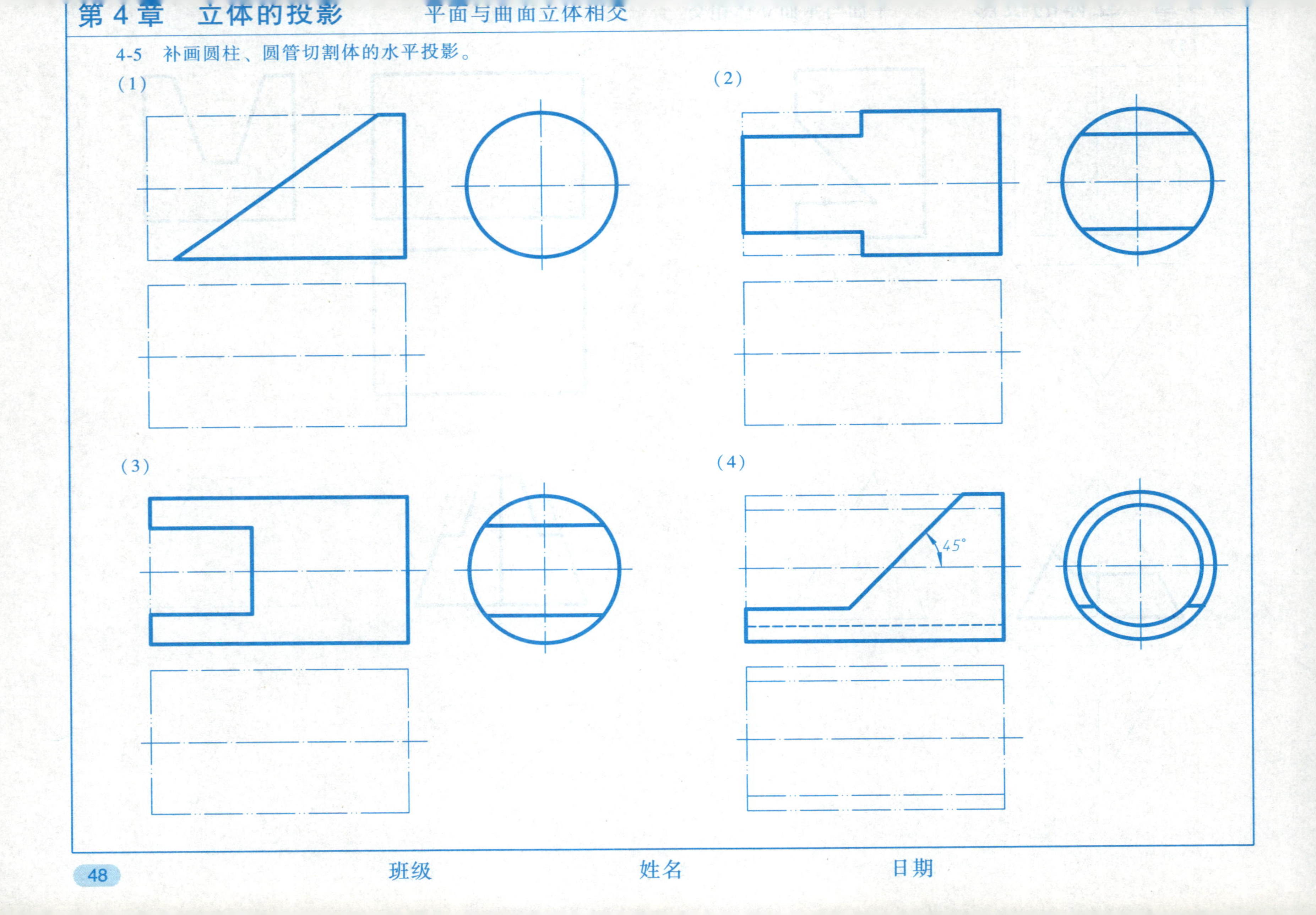

4-6 完成圆锥切割体的三面投影。

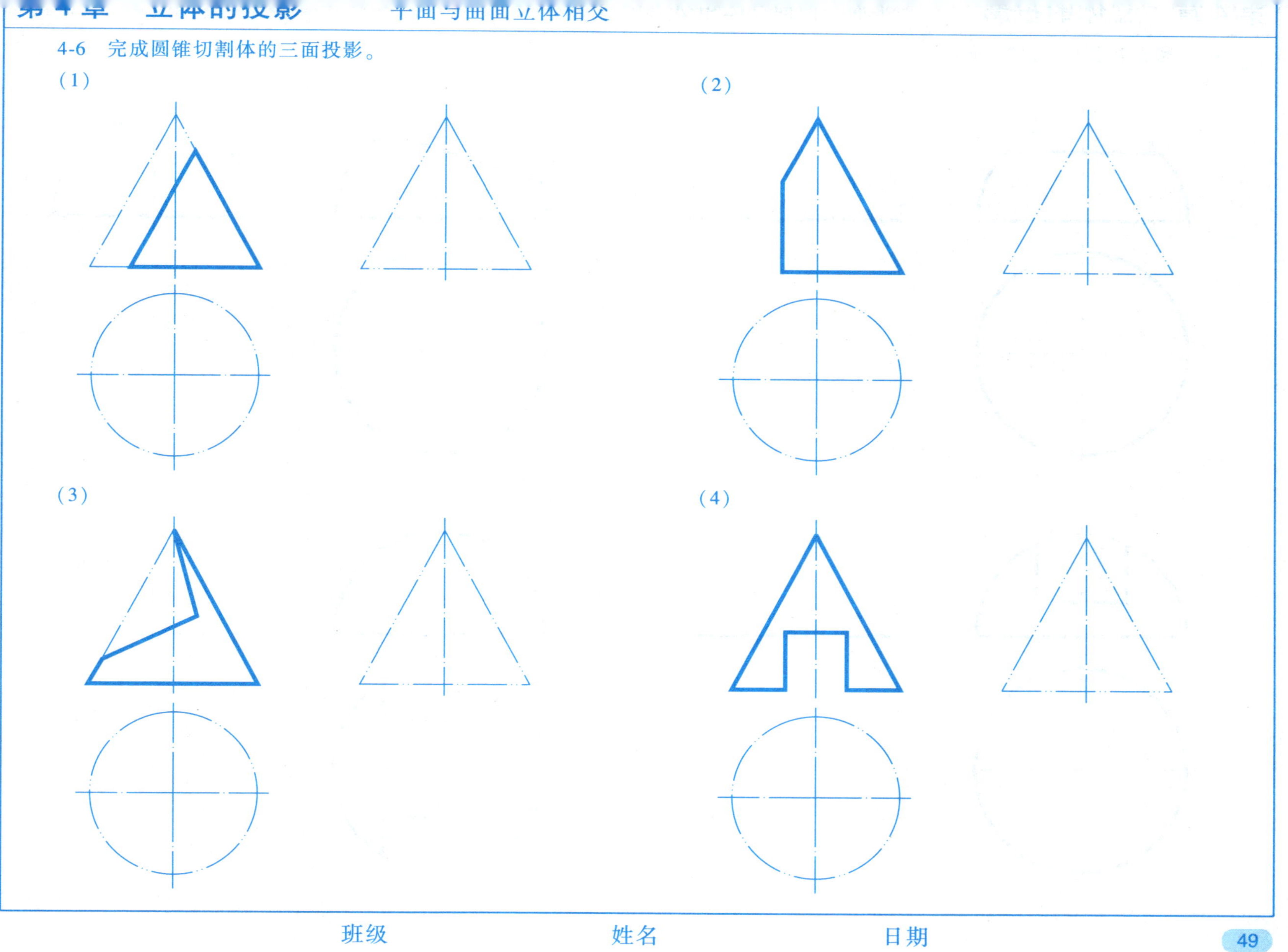

班级 姓名 日期

4-7　完成半球切割体的三面投影。

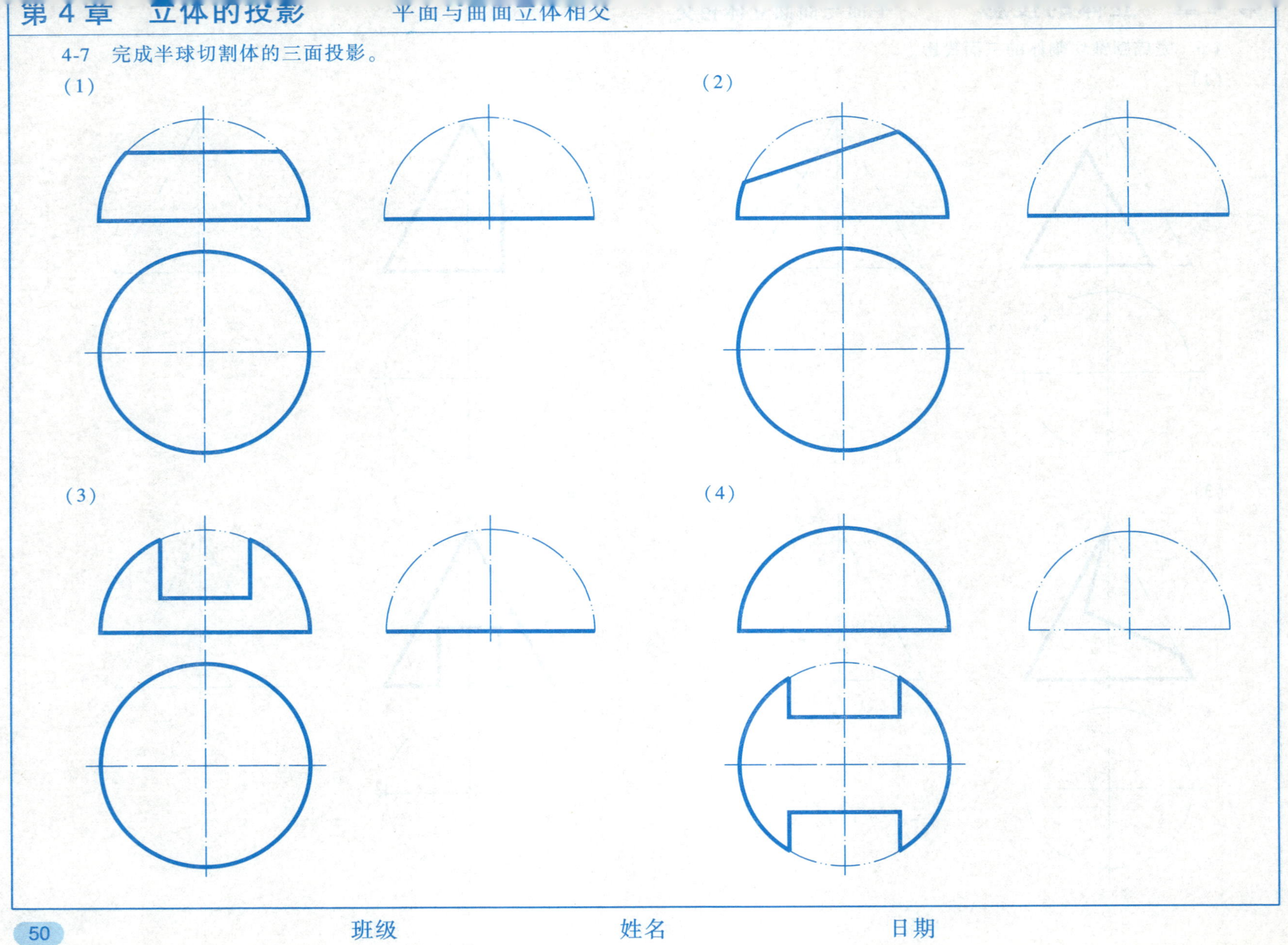

班级　　姓名　　日期

4-8 求两平面立体的相贯线。

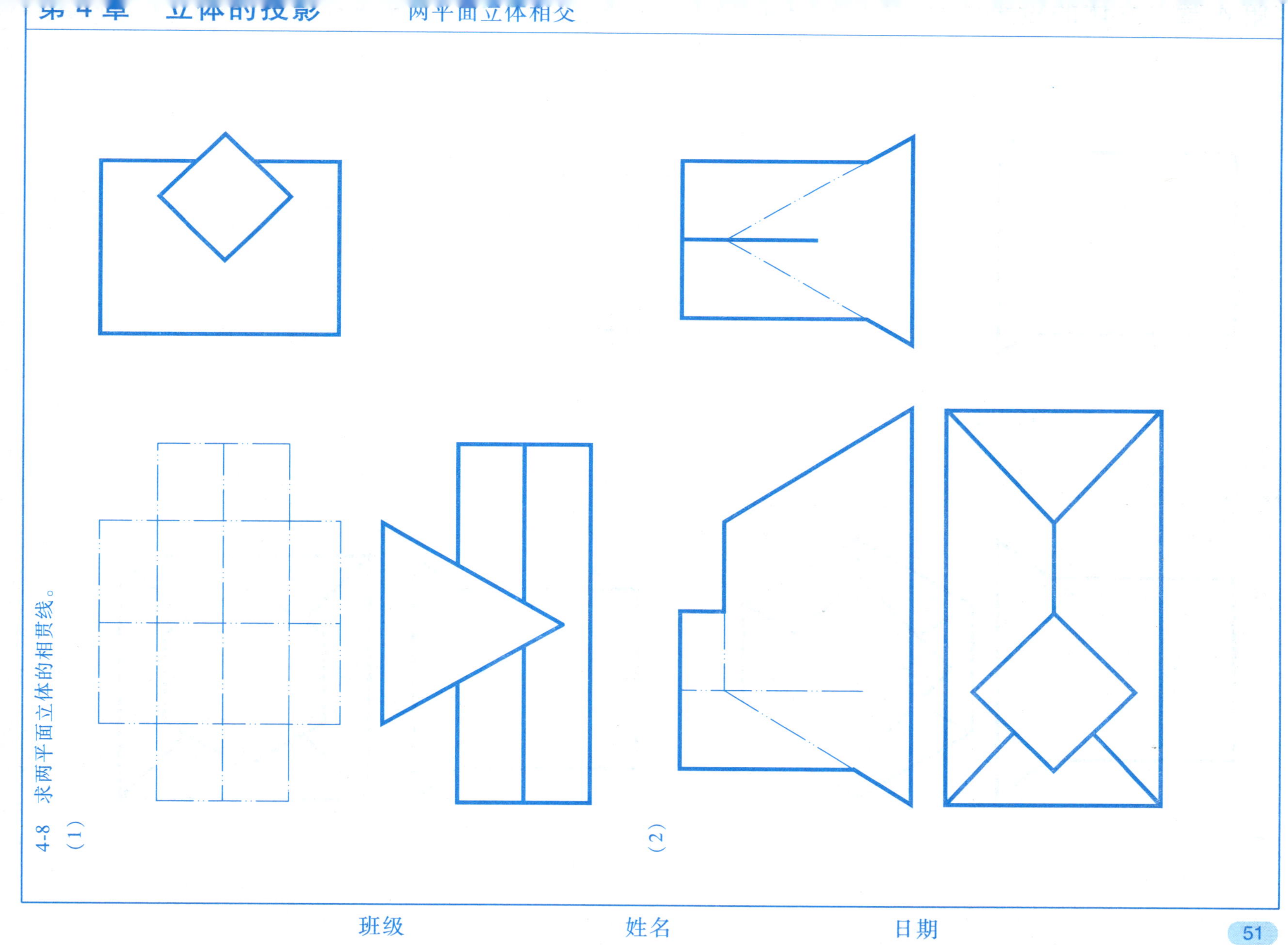

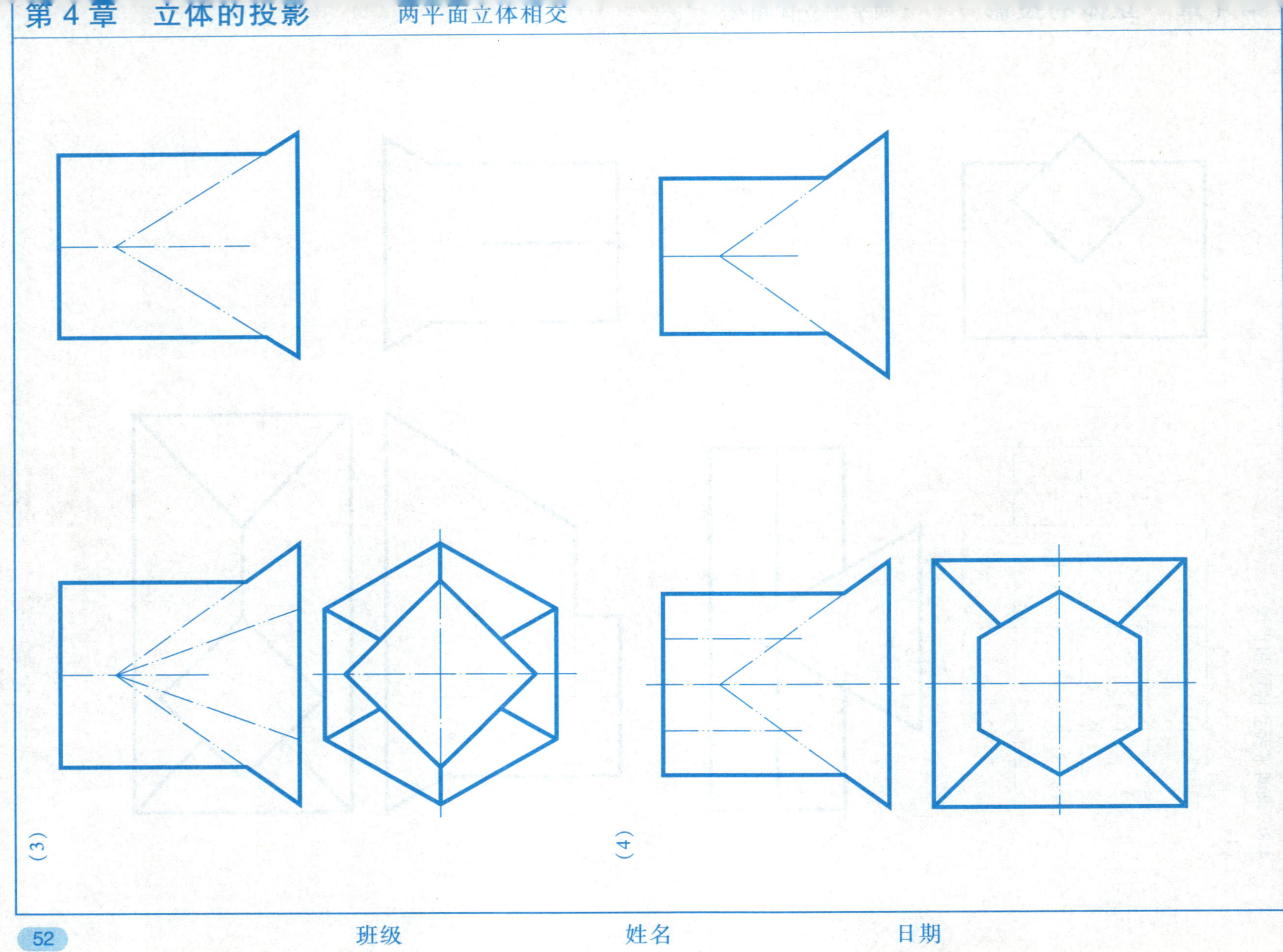

班级　　　　姓名　　　　日期

4-9 求穿孔体的投影。

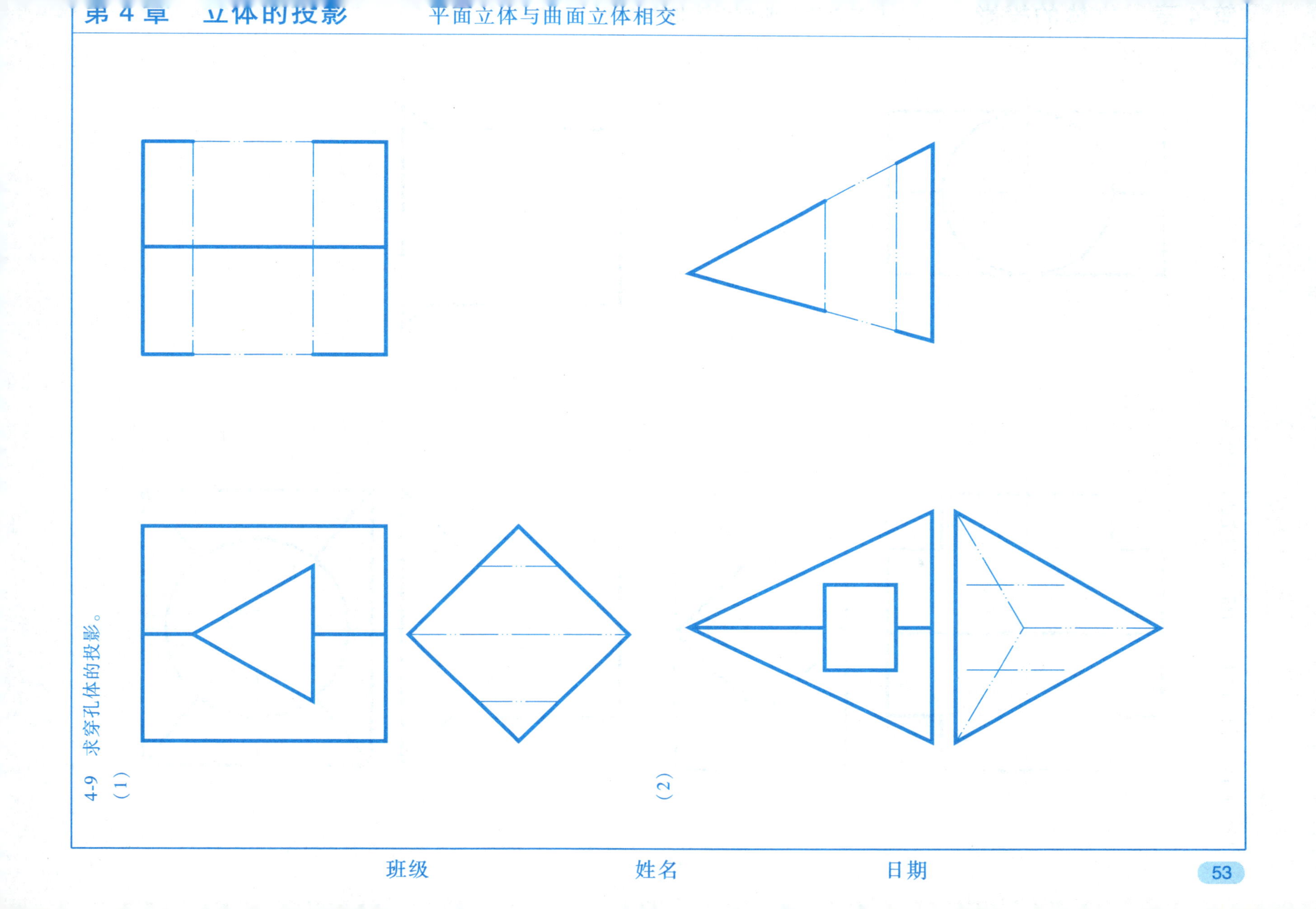

班级　　　　姓名　　　　日期

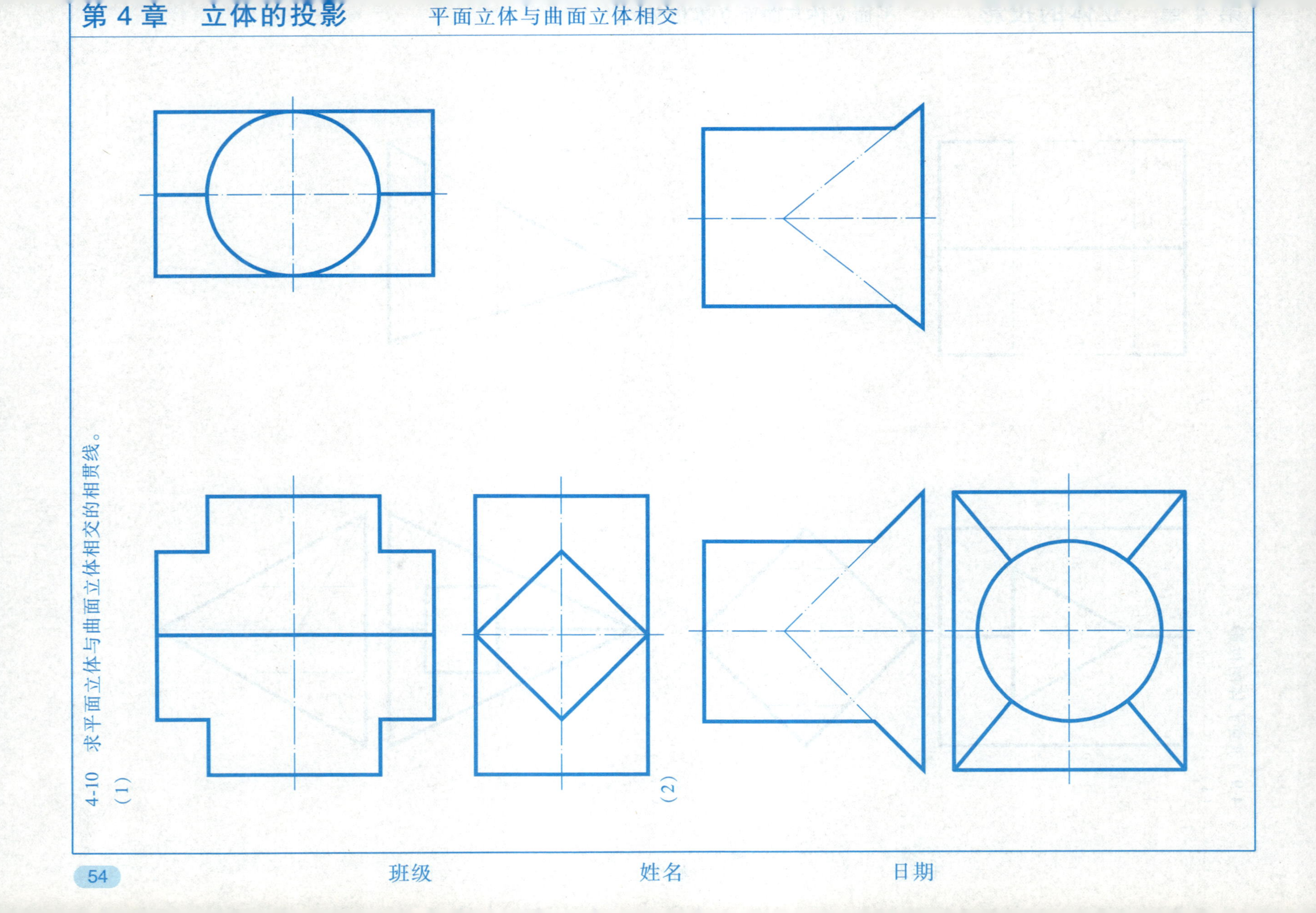
4-10　求平面立体与曲面立体相交的相贯线。
（1）
（2）

4-11　完成圆锥、半球穿孔体的三面投影。

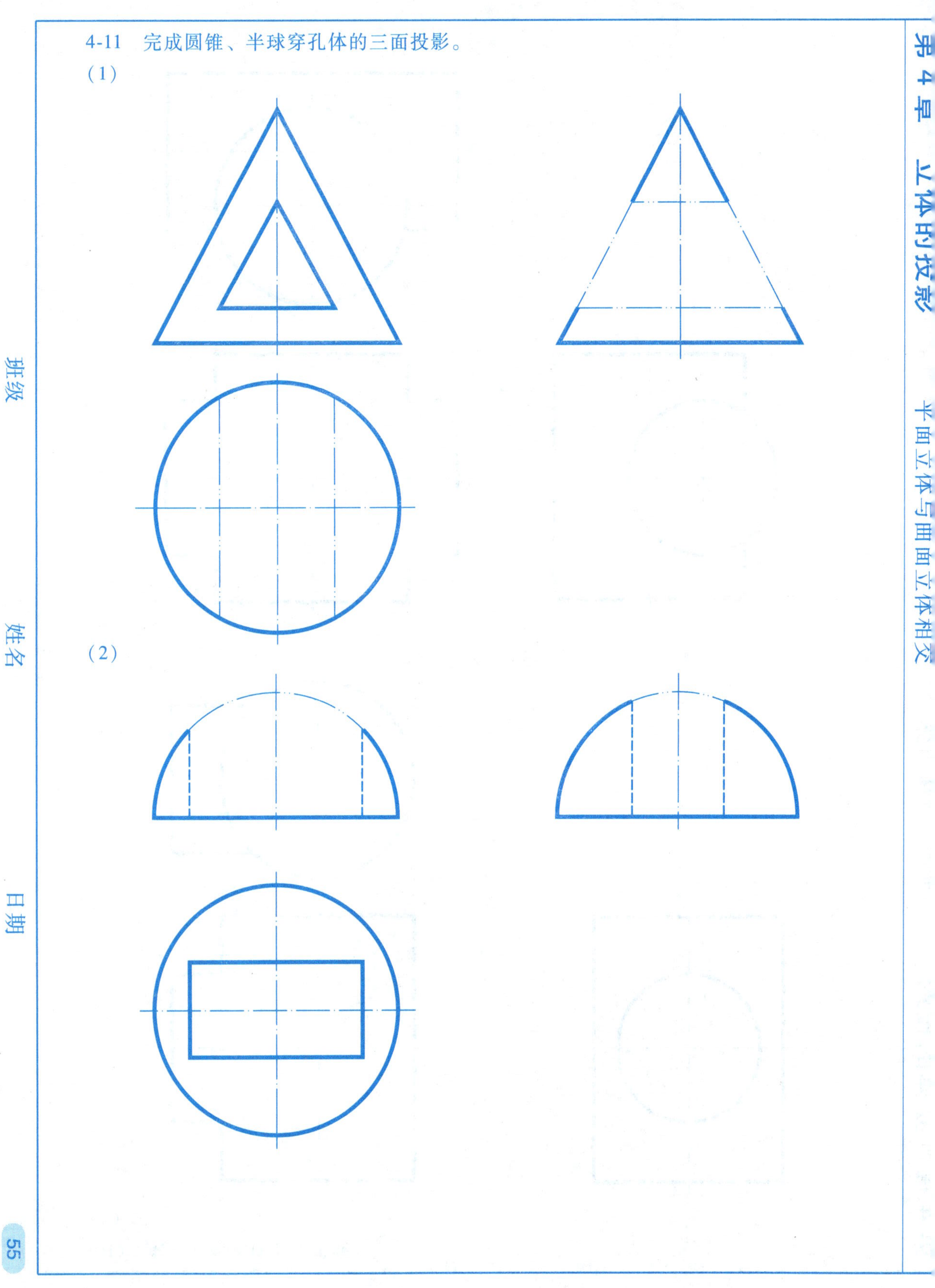

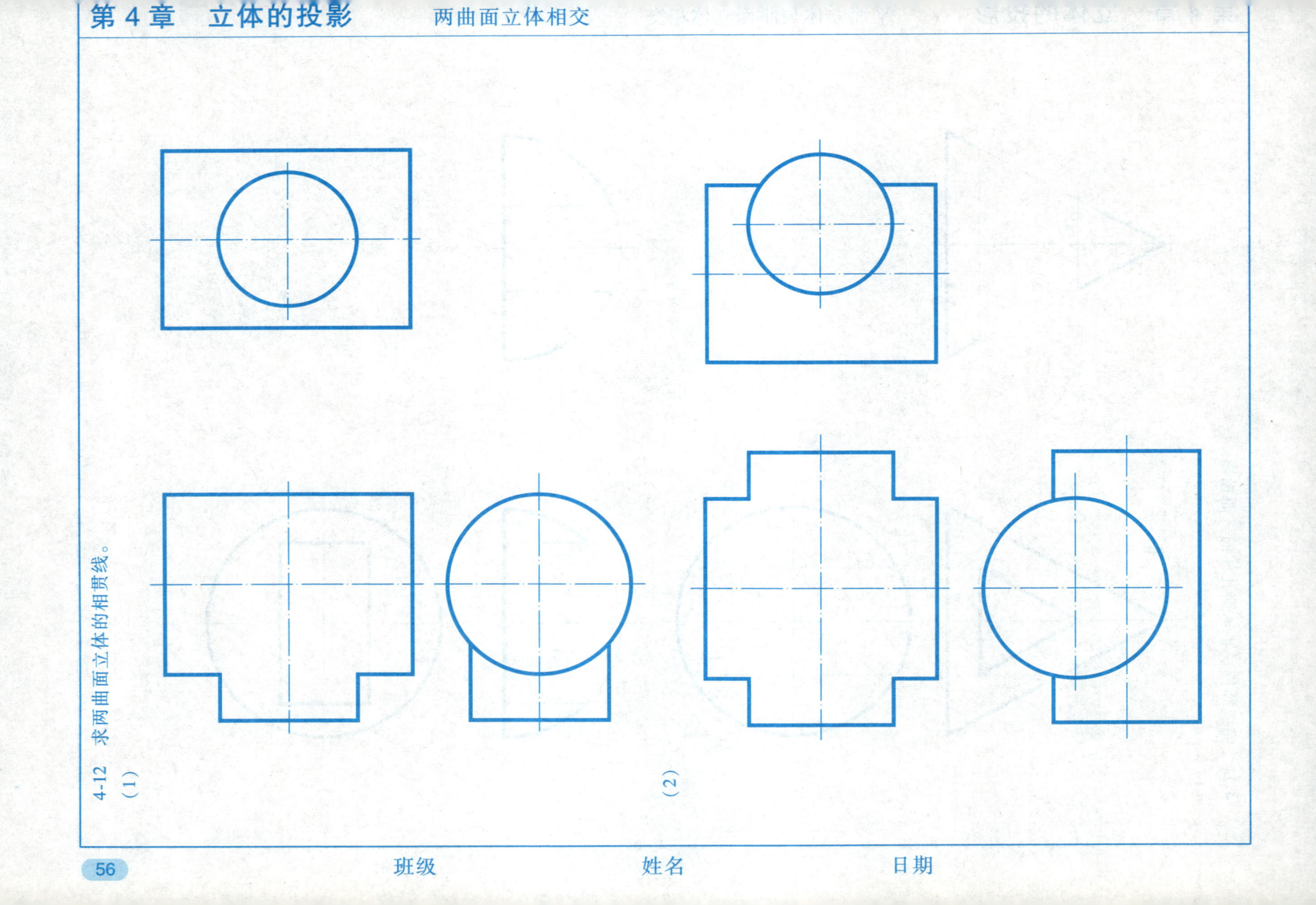
4-12 求两曲面立体的相贯线。
（1）
（2）

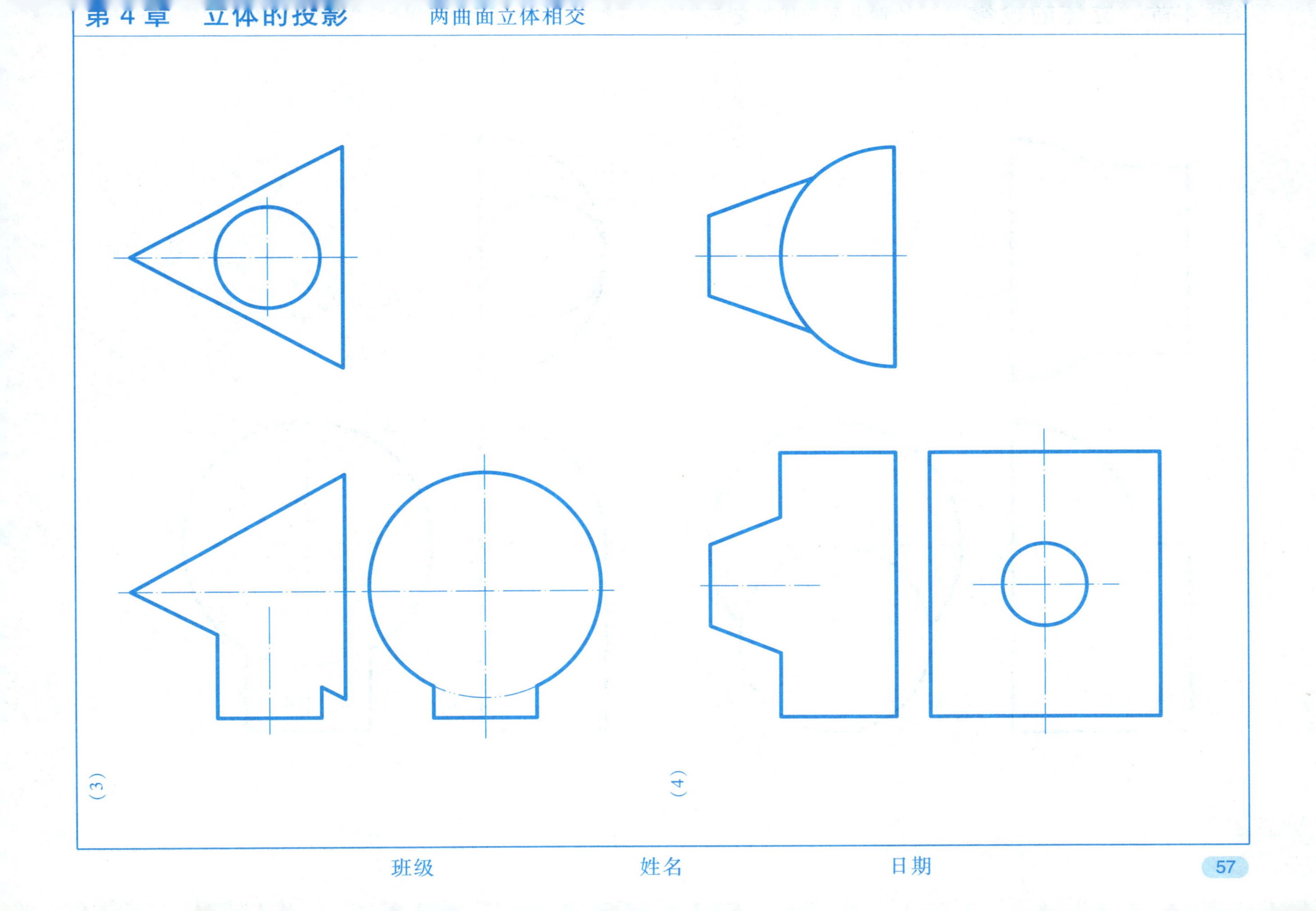
(3)
(4)

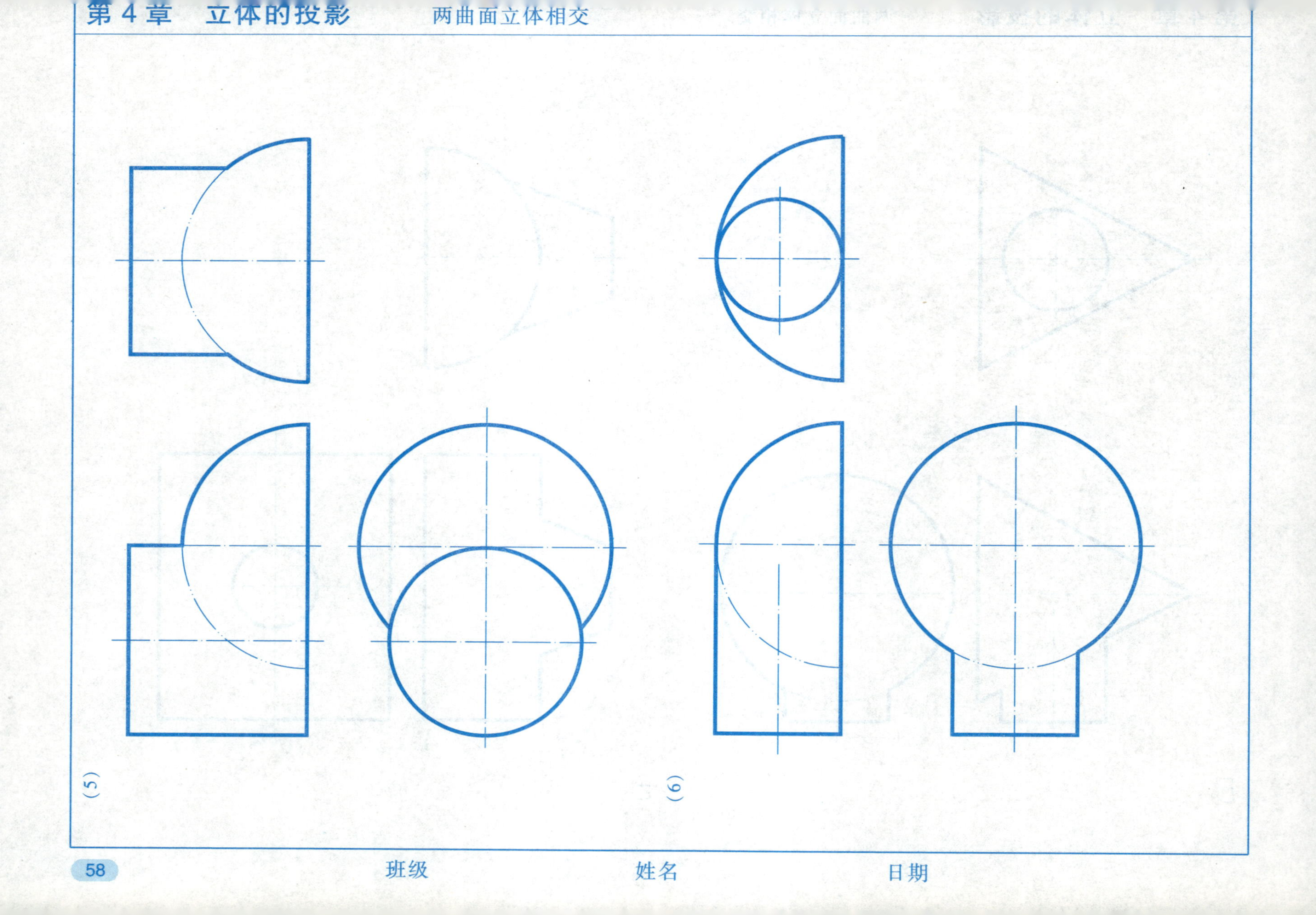

班级　　姓名　　日期

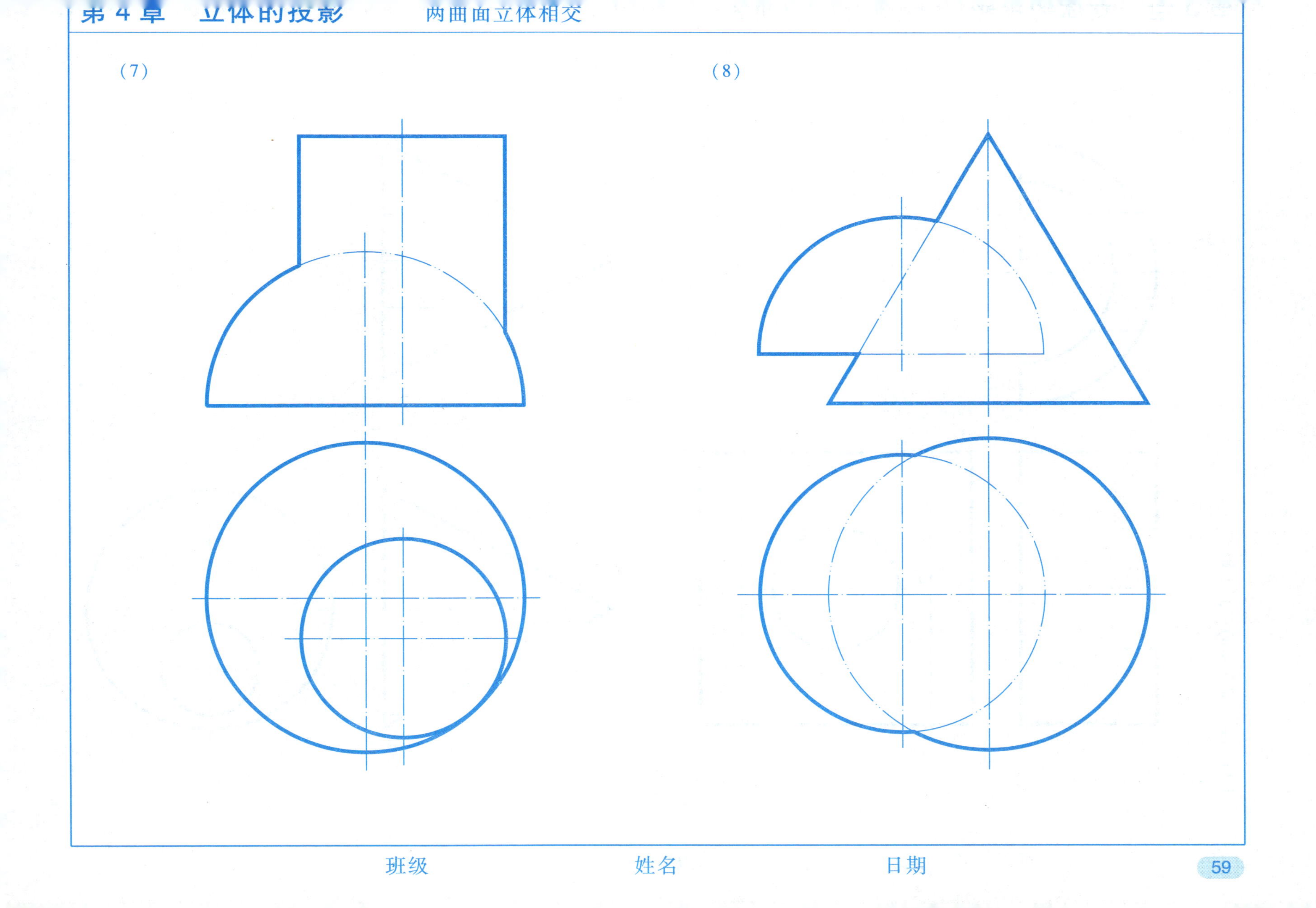

班级　　　　姓名　　　　日期

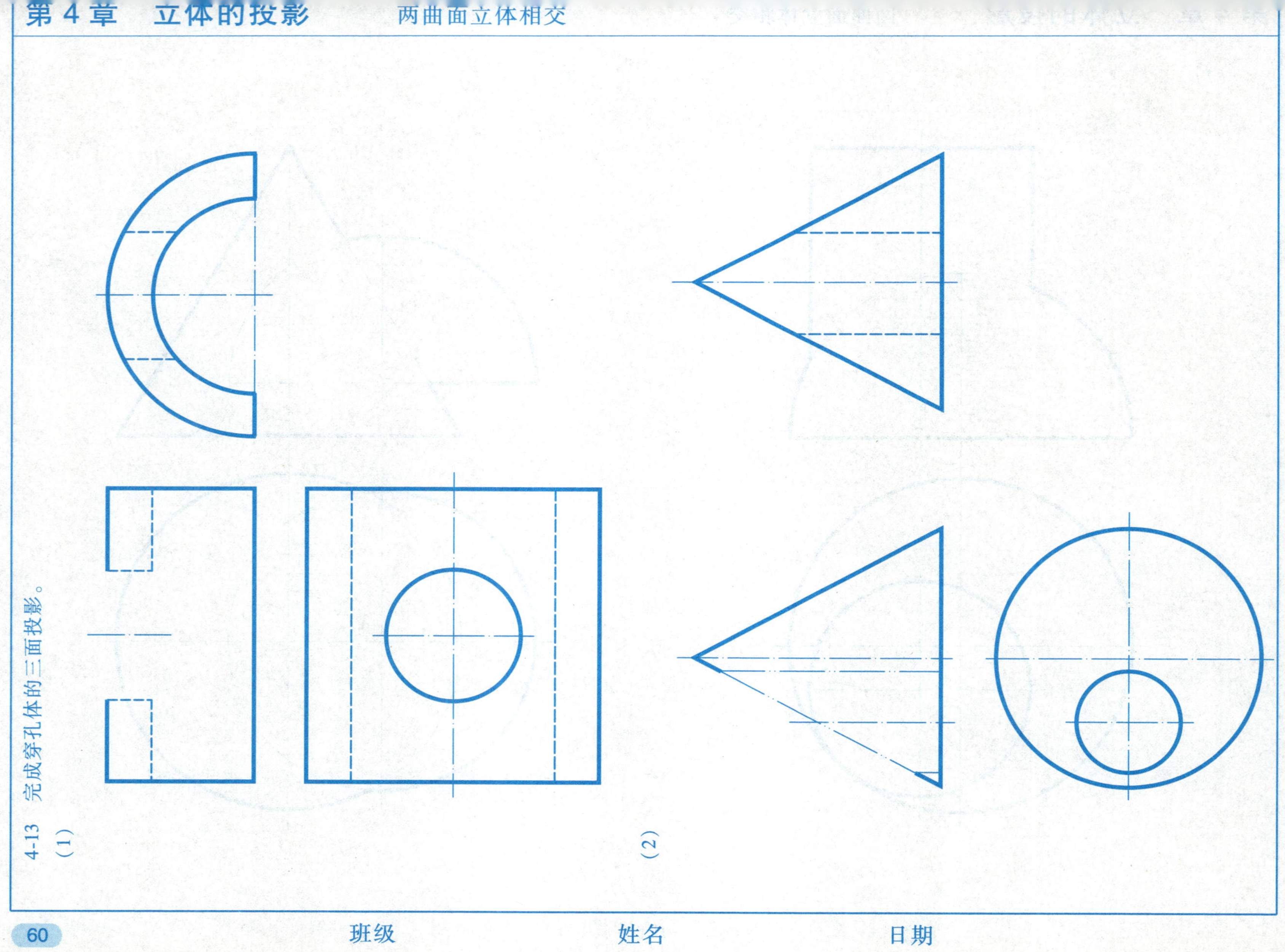
4-13　完成穿孔体的三面投影。
（1）
（2）

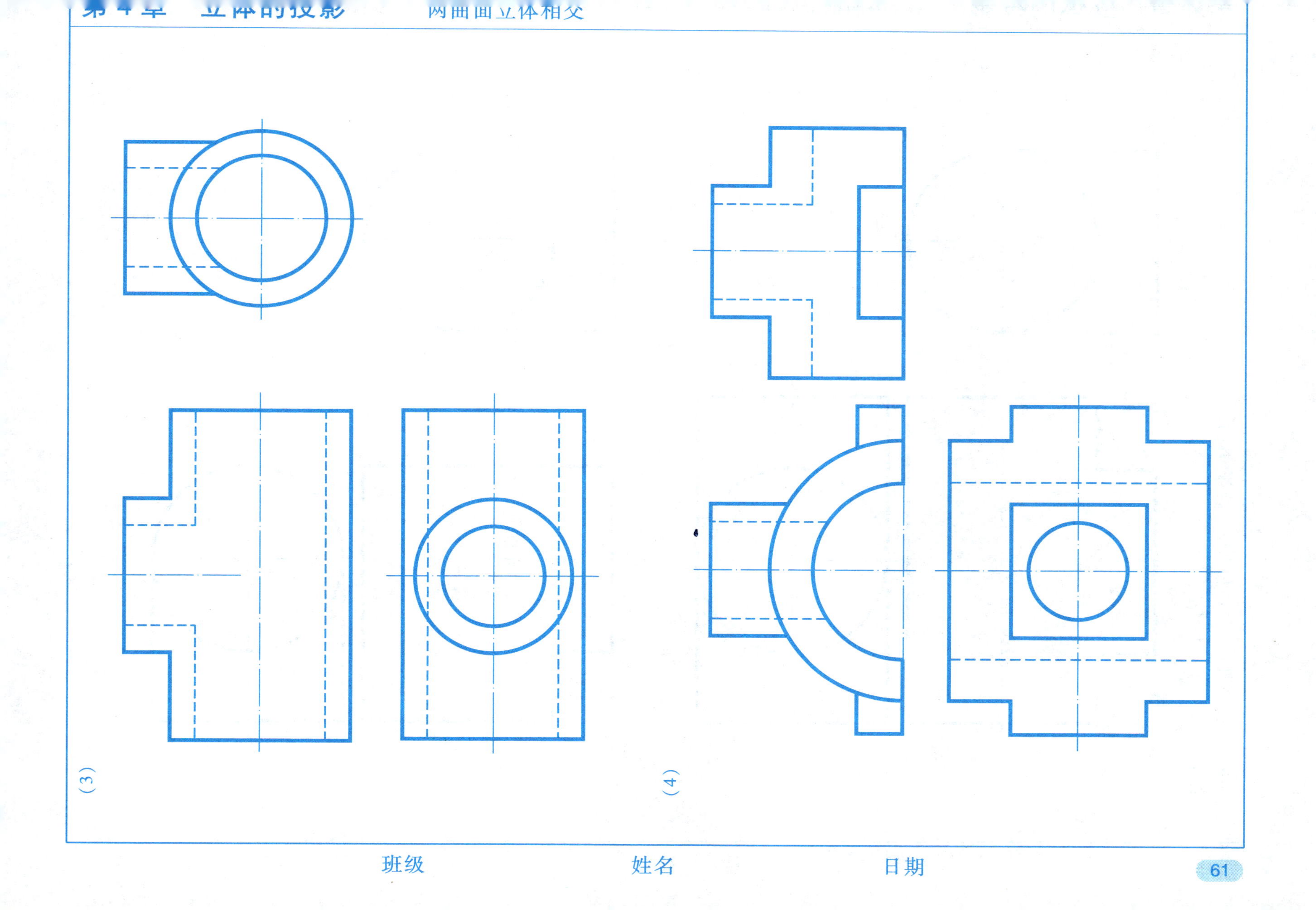

班级 姓名 日期

4-14 求作两曲面立体的相贯线（特殊情况）。

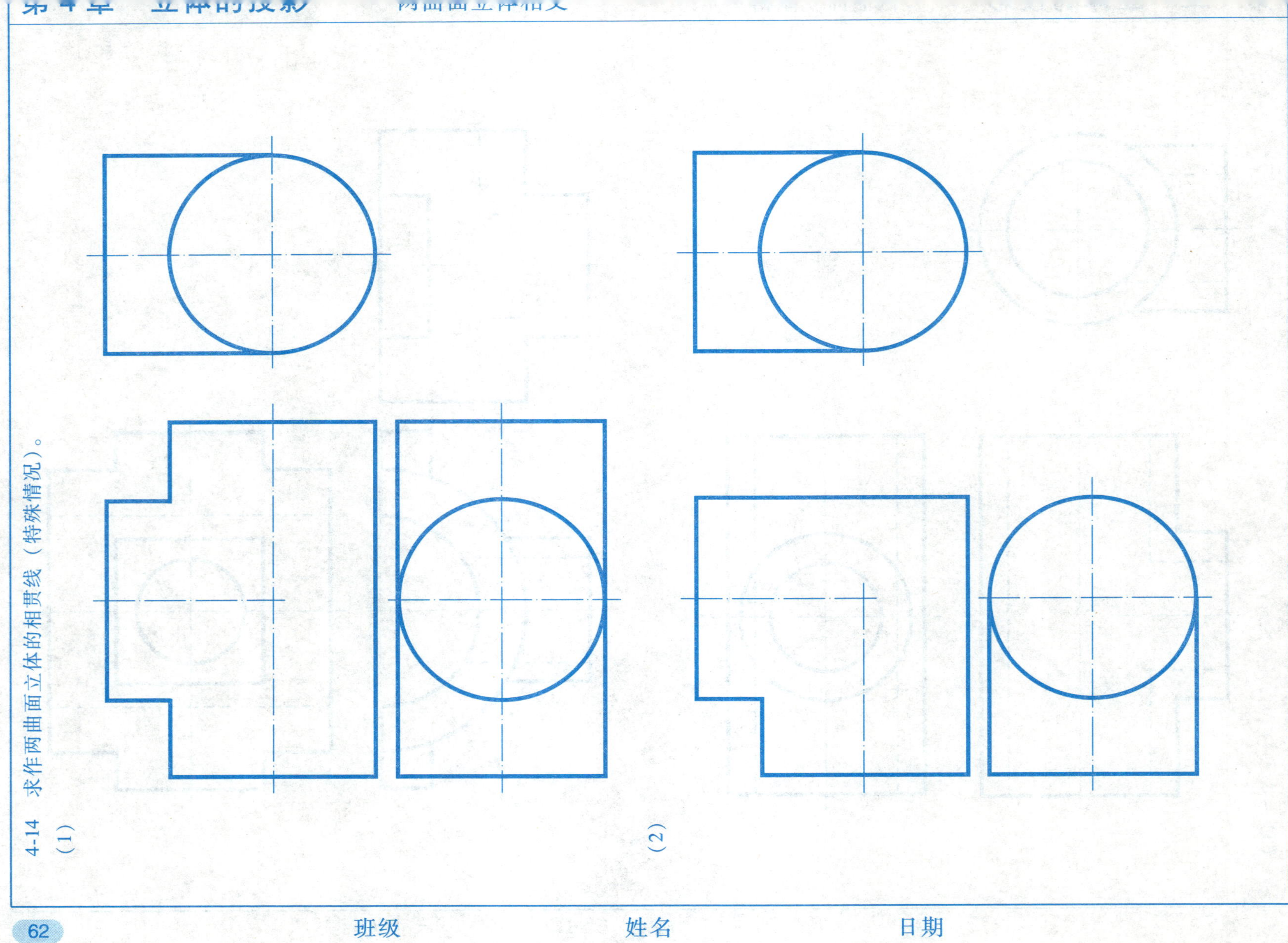

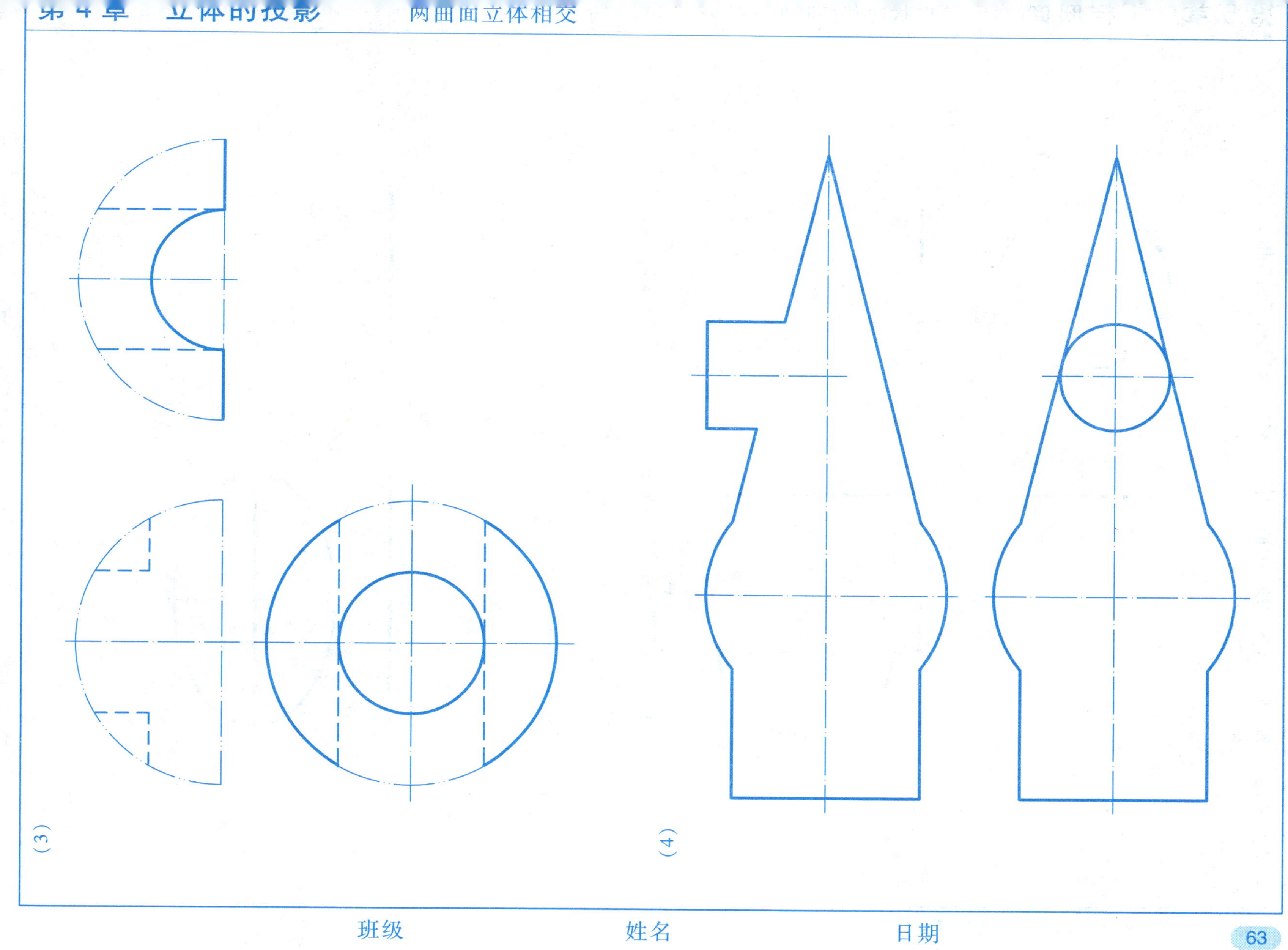
(3)
(4)

5-1 以水平圆和侧平圆为导线、V 面为导面，完成柱状面的三面投影。

5-2 以 AB 为直导线、椭圆为曲导线、W 面为导面，完成锥状面的三面投影。

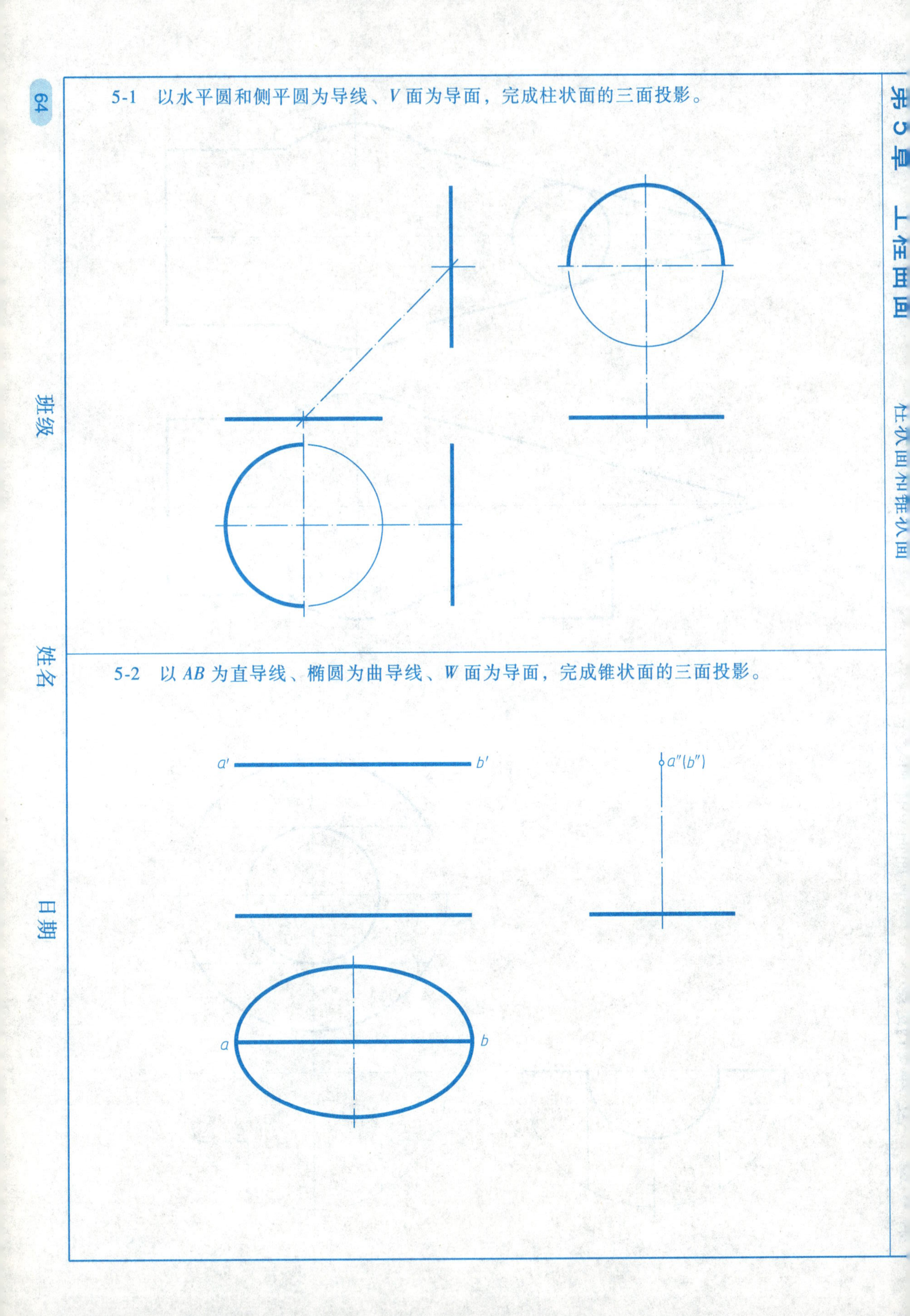

5-3 求作平螺旋楼梯的正面投影。

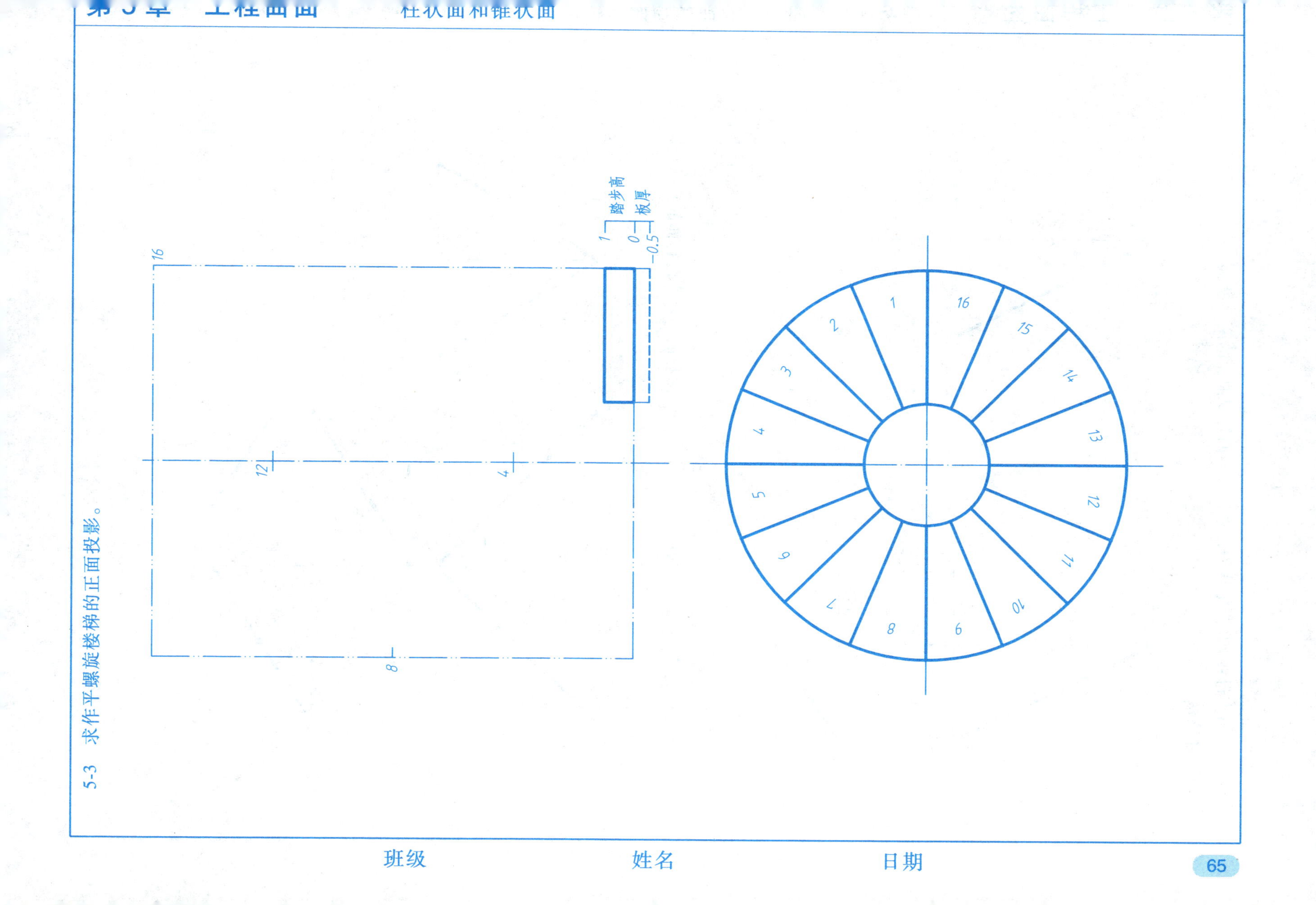

班级 姓名 日期

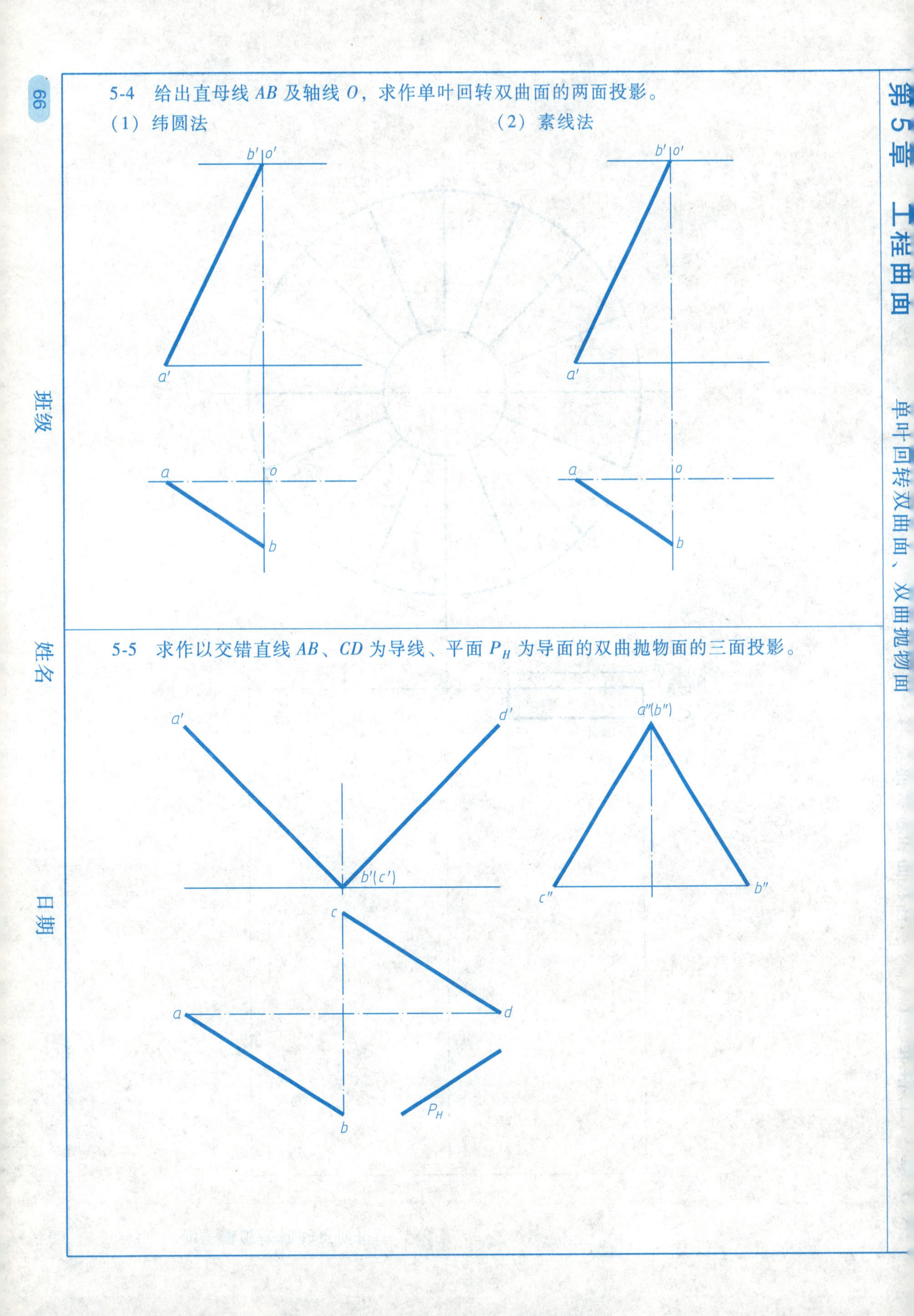

5-4　给出直母线 AB 及轴线 O，求作单叶回转双曲面的两面投影。
（1）纬圆法
（2）素线法
b'|o'
a'
a
o
b
5-5　求作以交错直线 AB、CD 为导线、平面 P_H 为导面的双曲抛物面的三面投影。
a'
d'
b'(c')
a"(b")
c"
b"
c
a
d
b
P_H

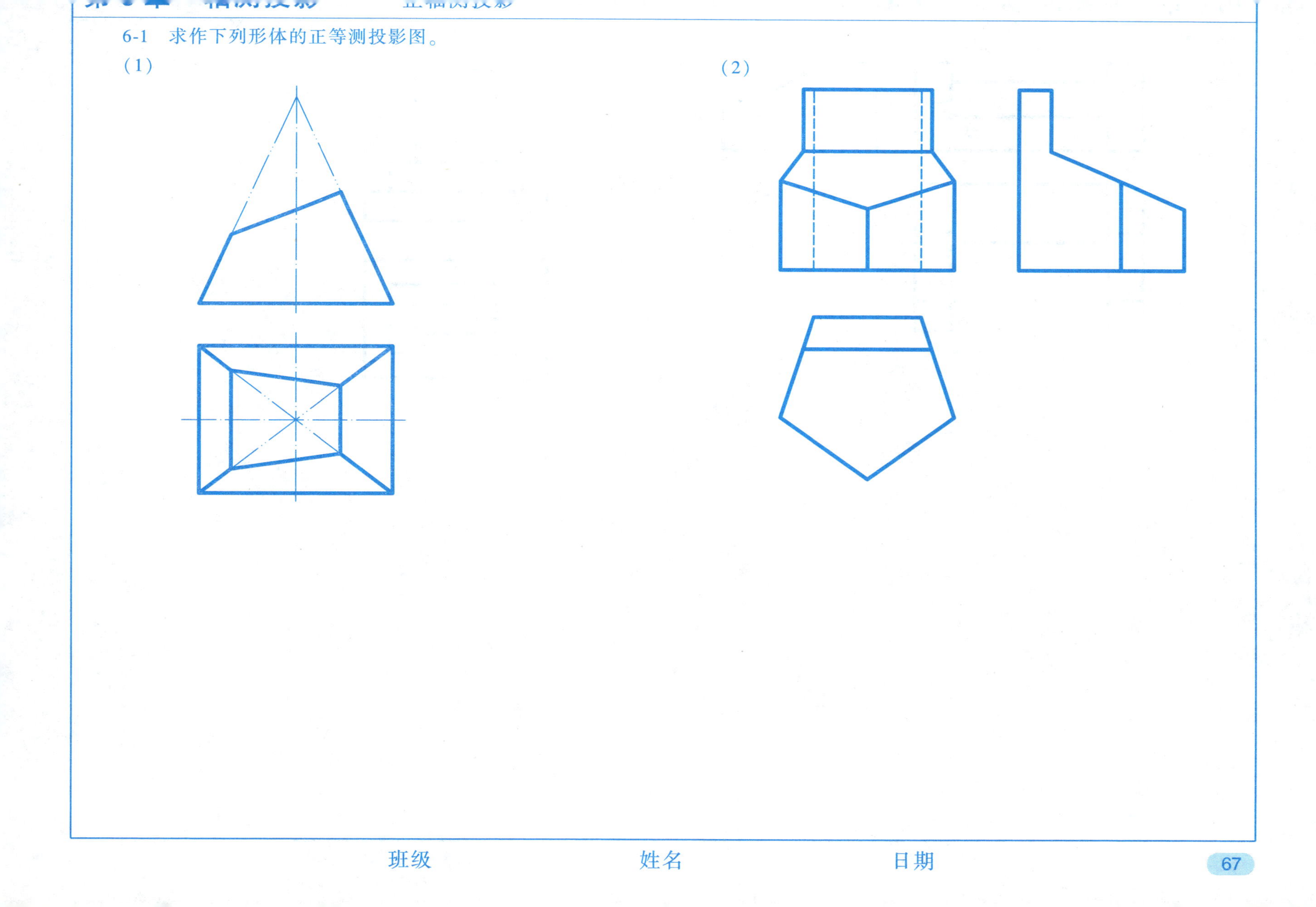

6-1 求作下列形体的正等测投影图。

（1）

（2）

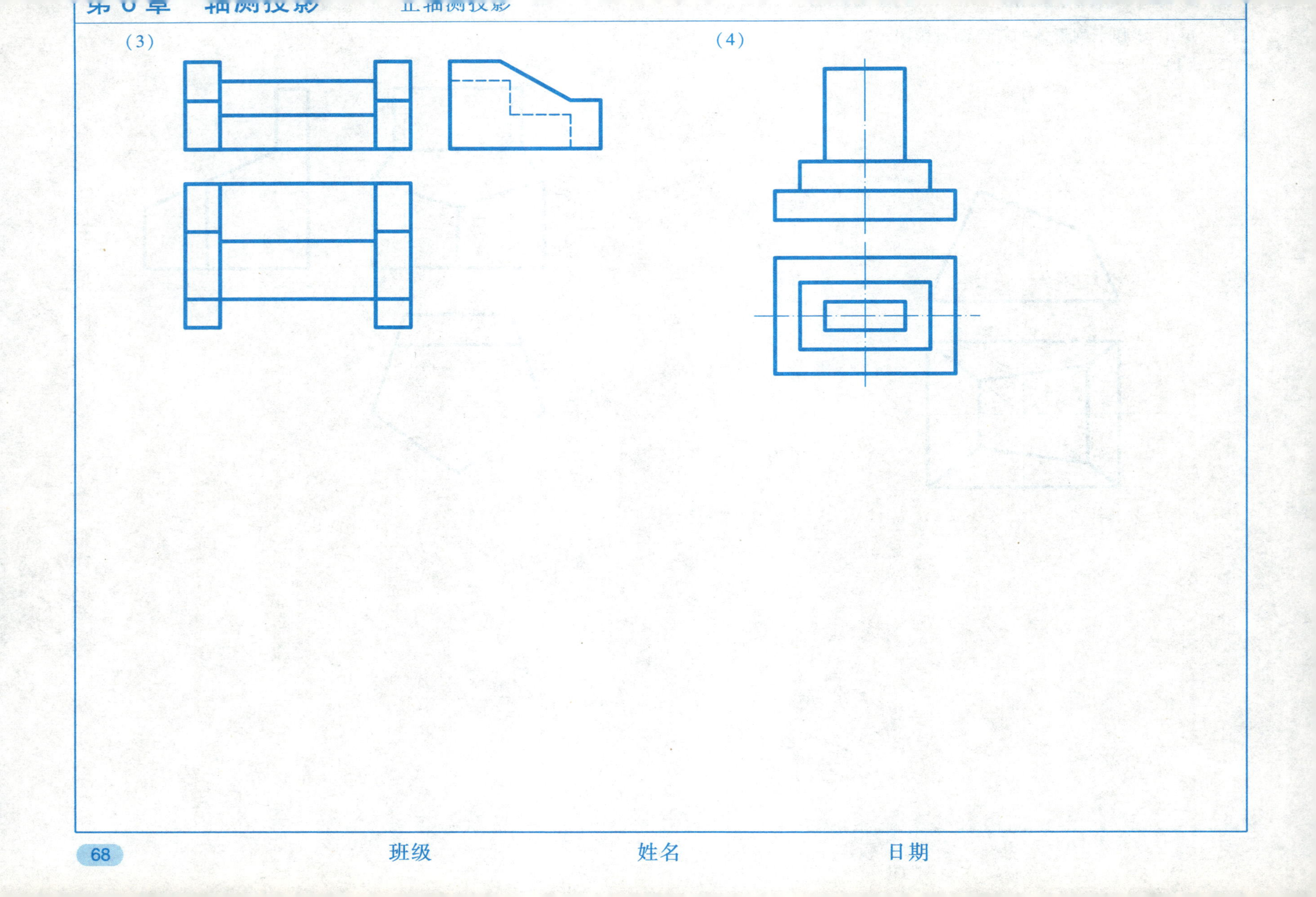
(3)
(4)

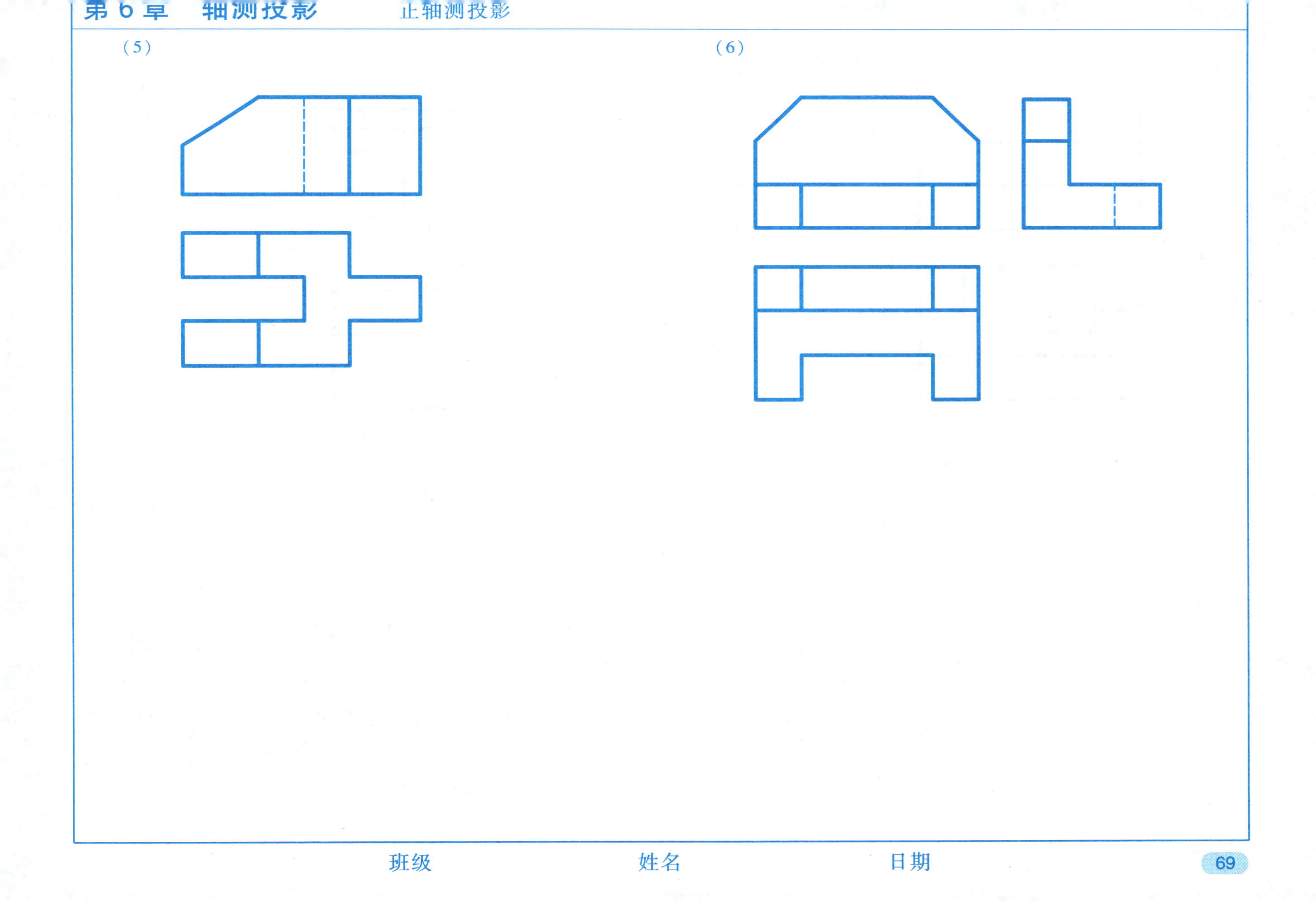
(5)
(6)

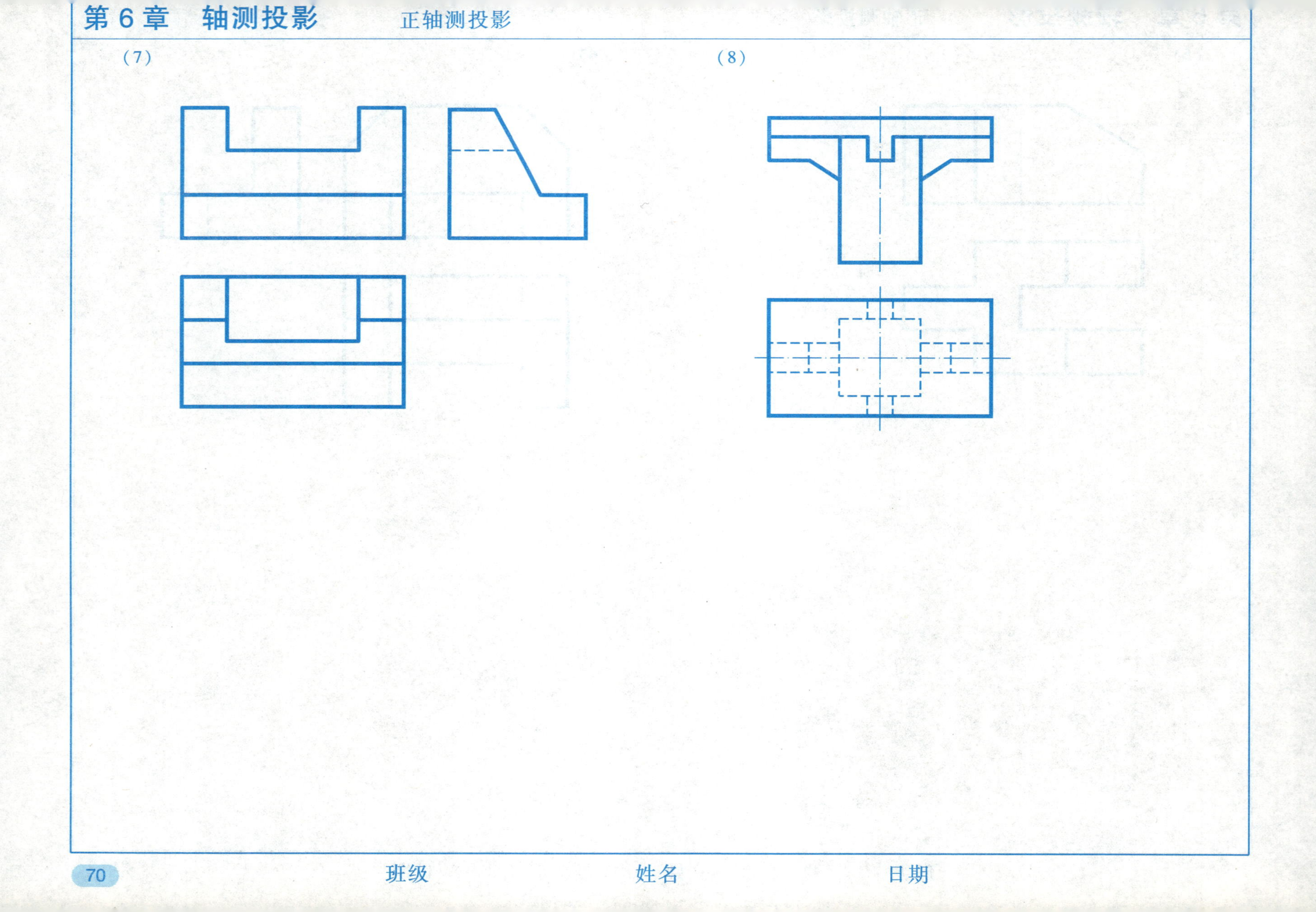

班级　　姓名　　日期

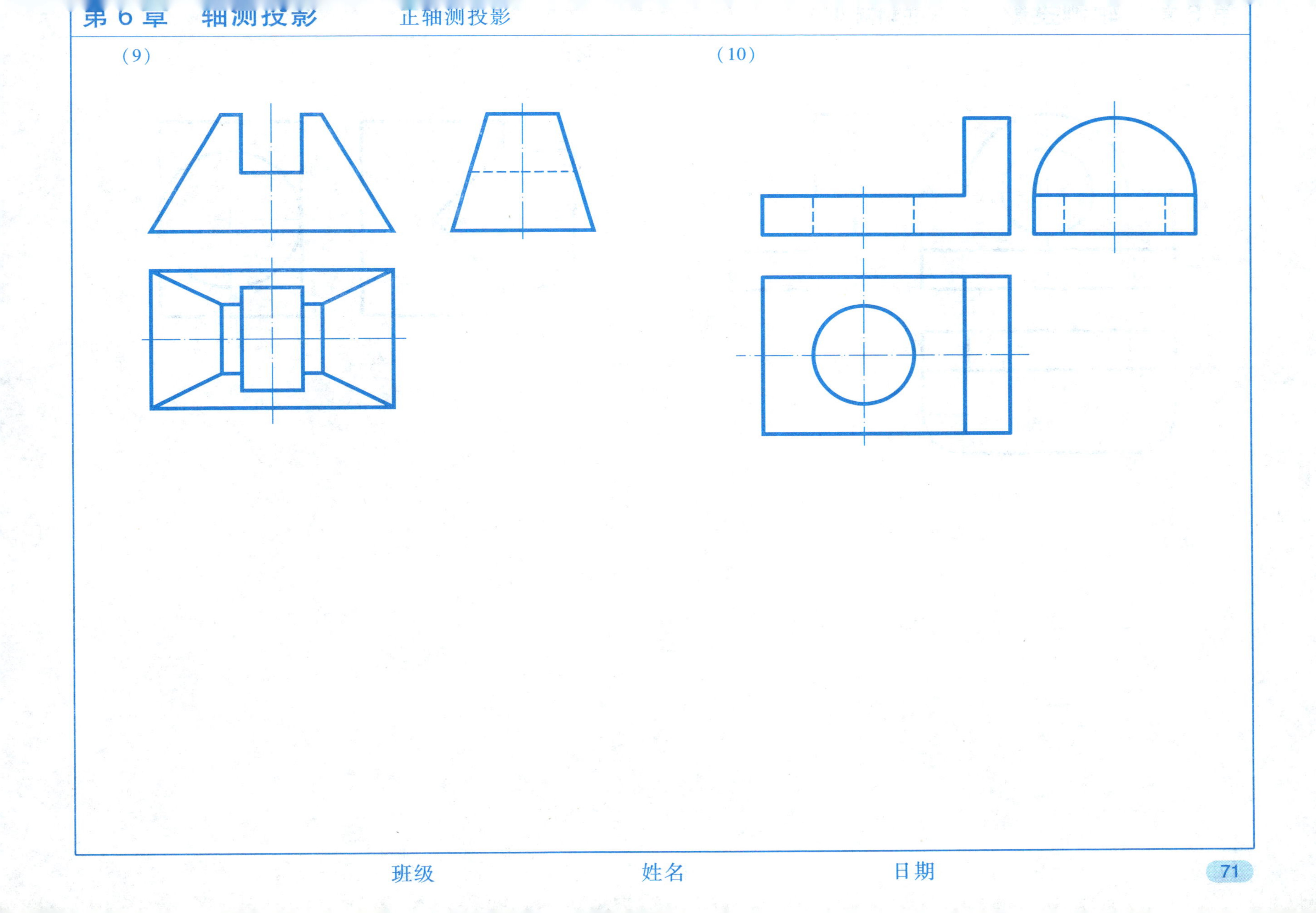
(9)
(10)

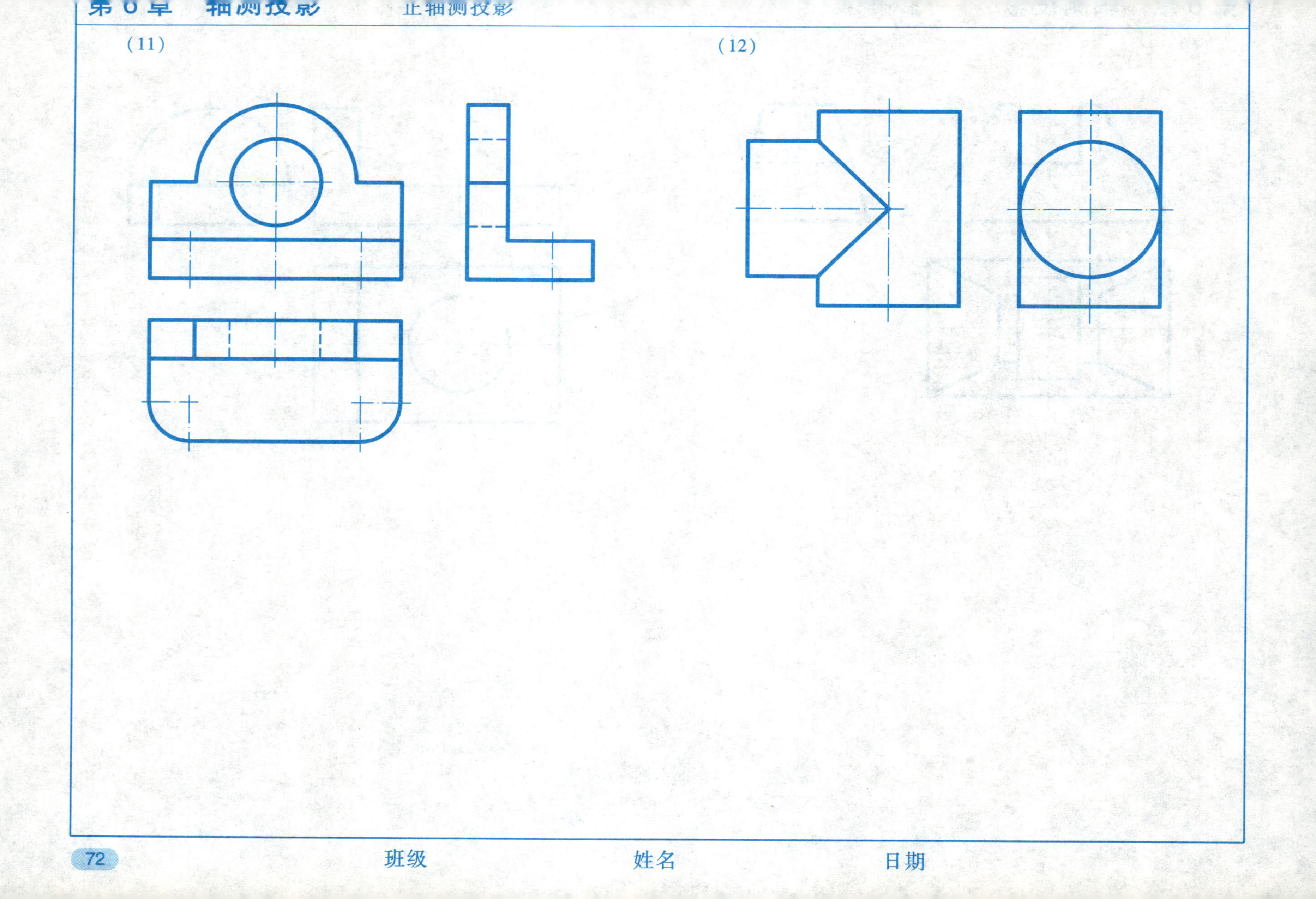
(11)
(12)

6-2　求作下列形体的正面斜二测投影图。

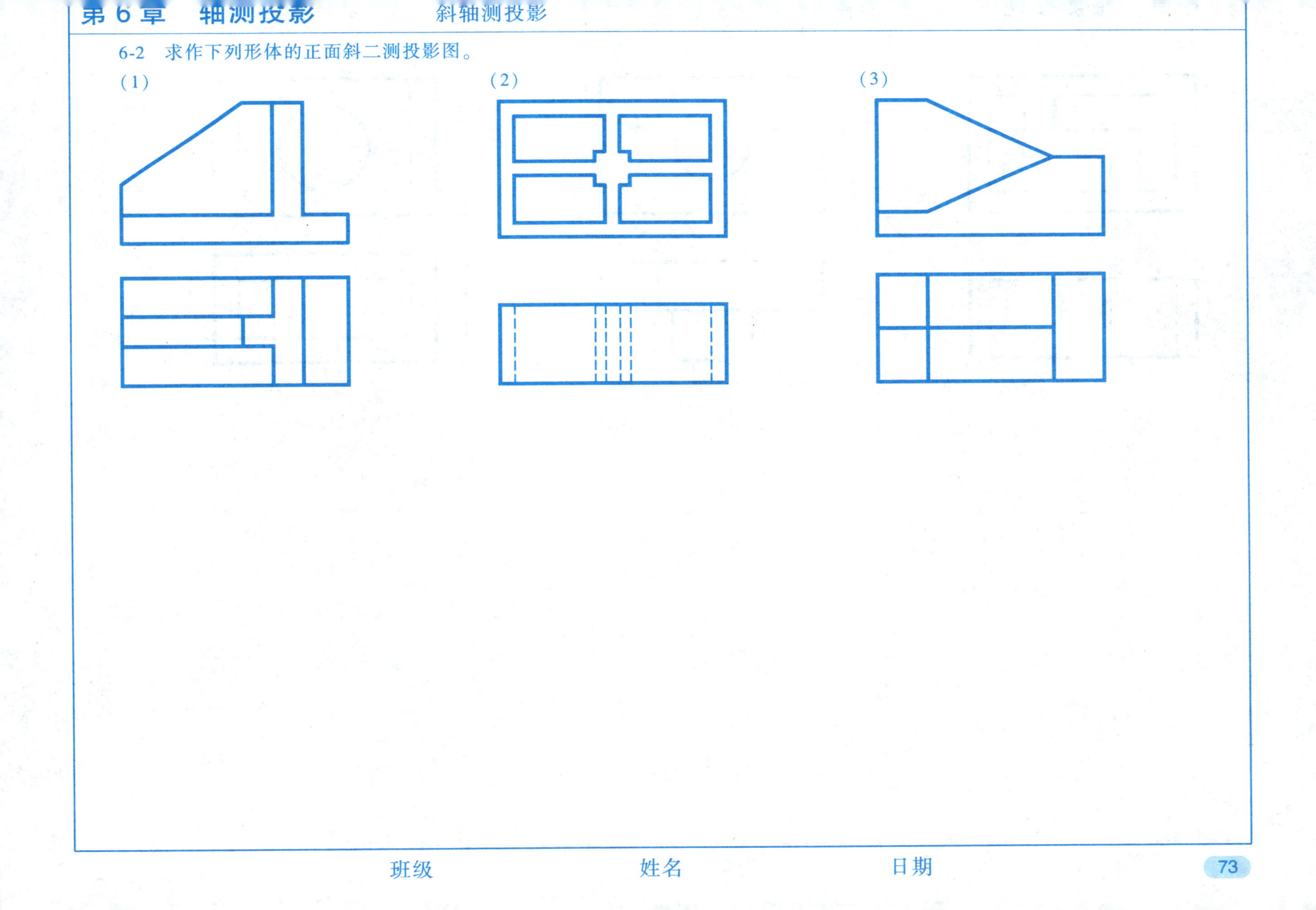

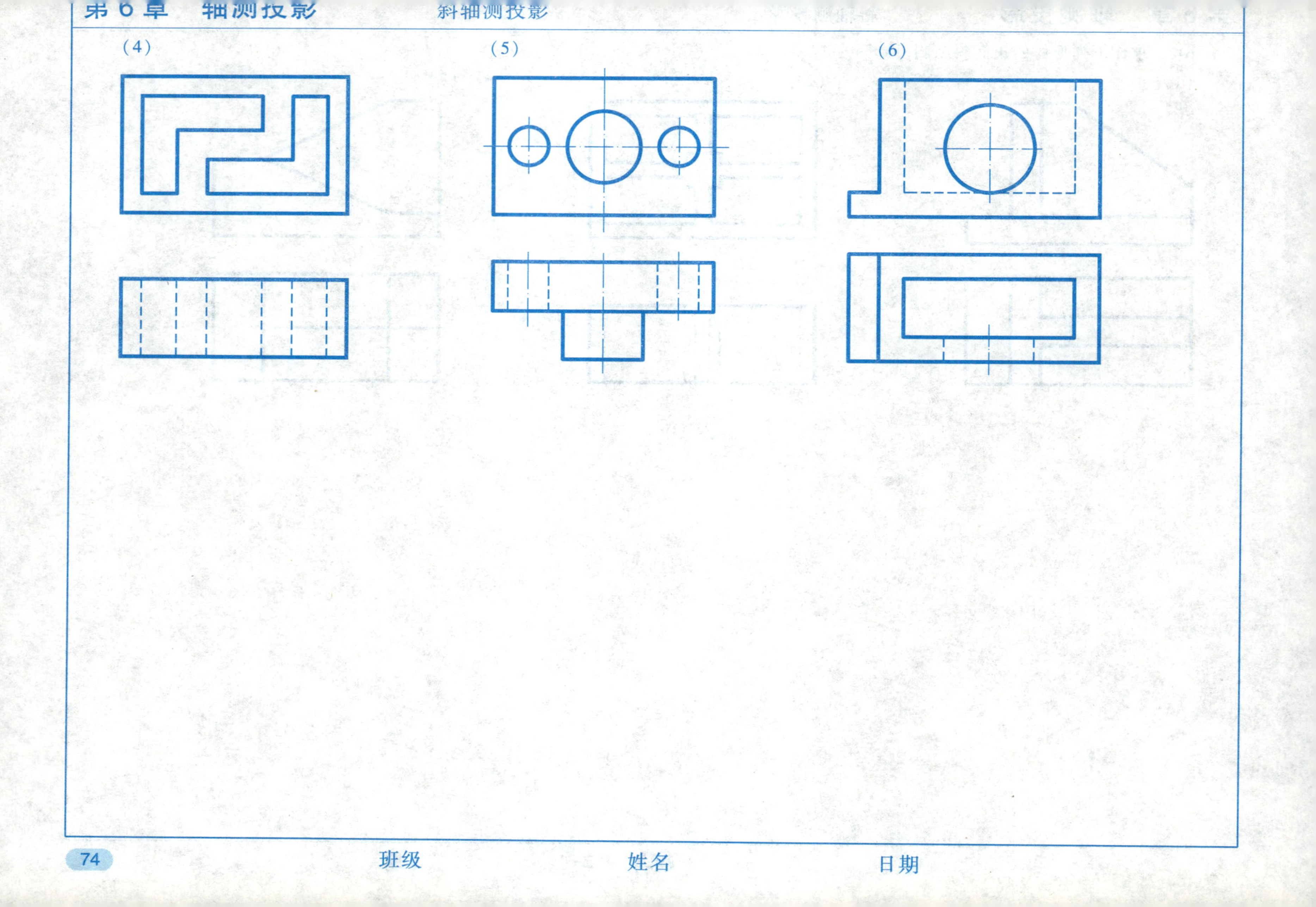
(4)
(5)
(6)

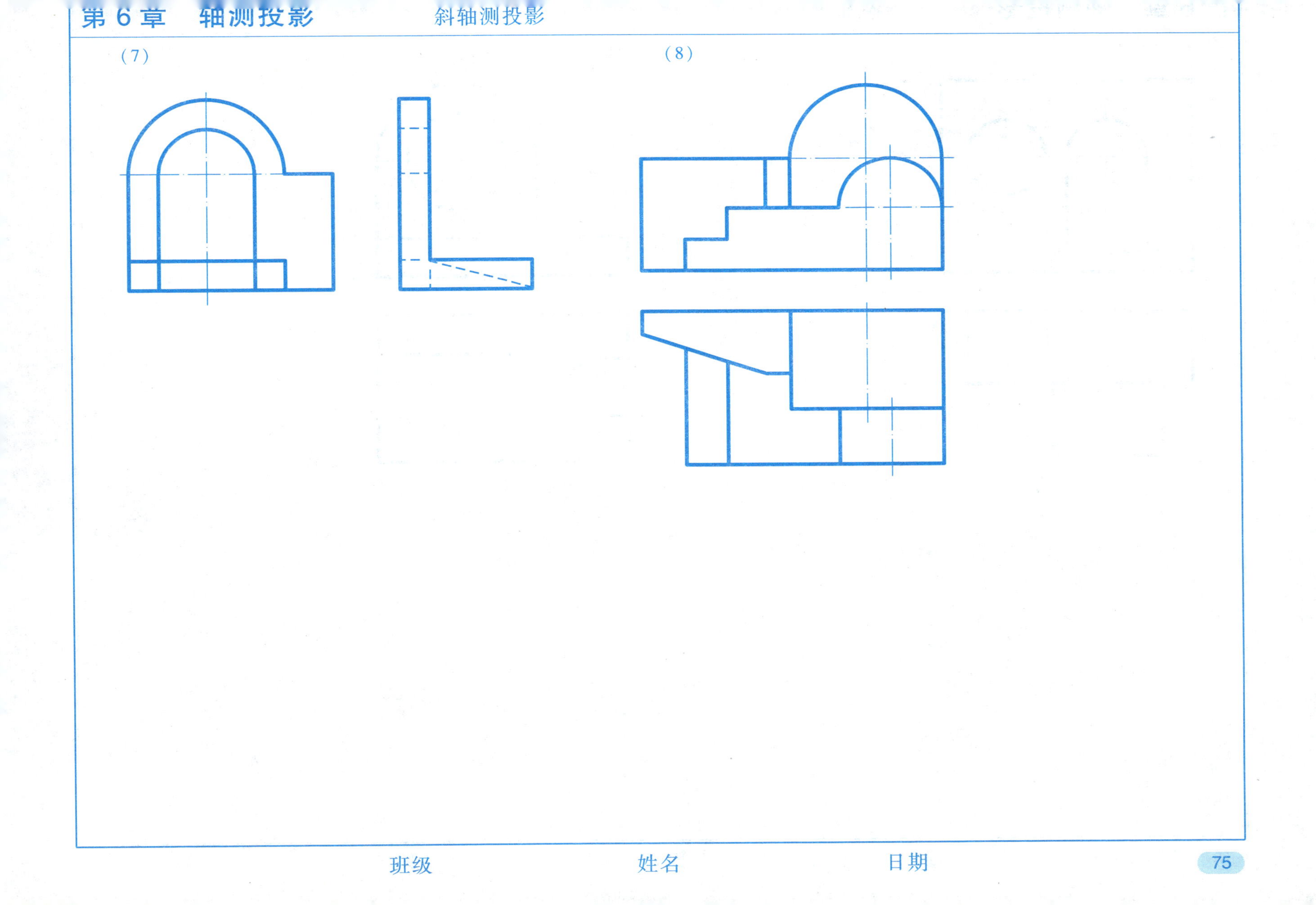

班级　　姓名　　日期

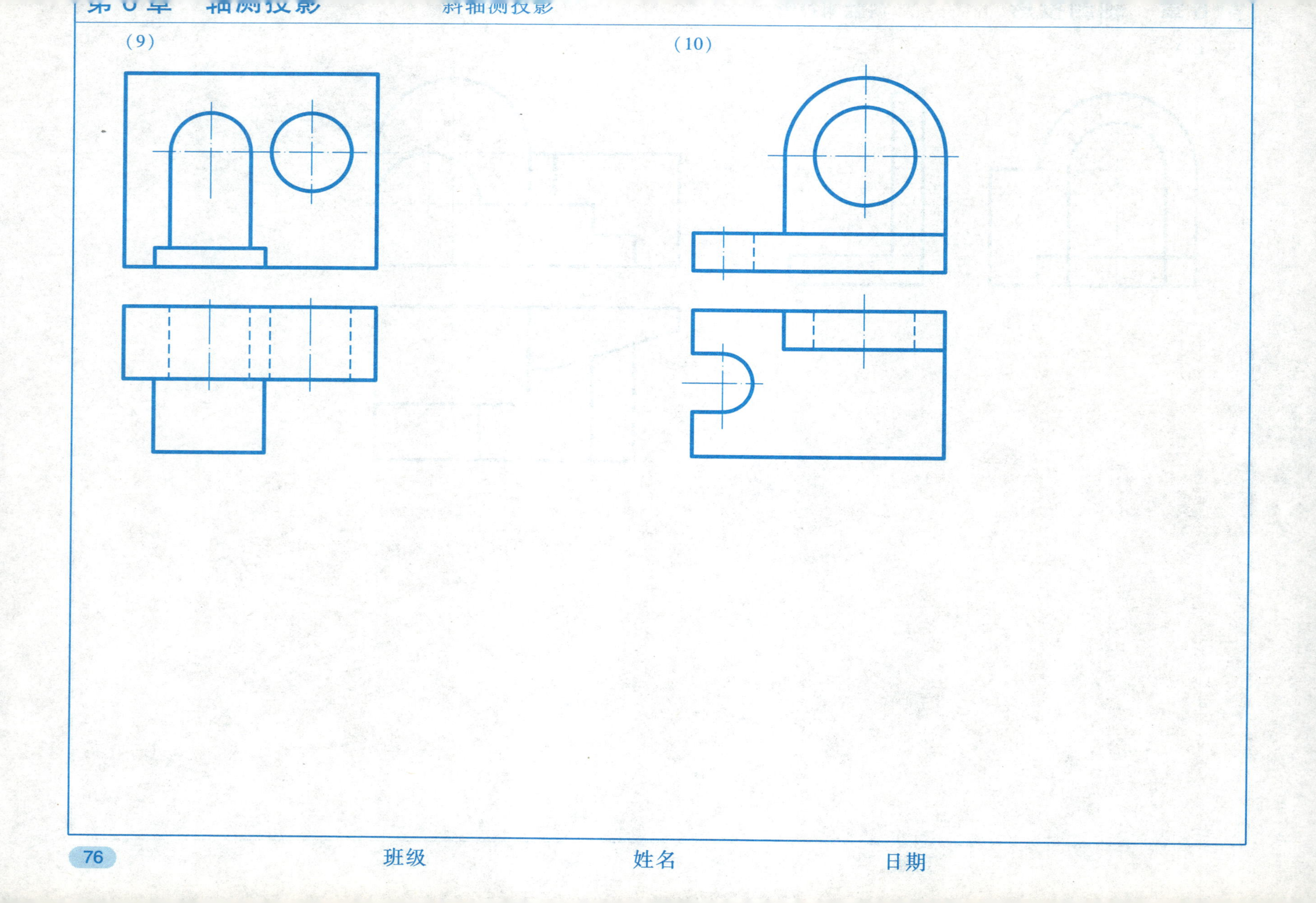
(9)
(10)

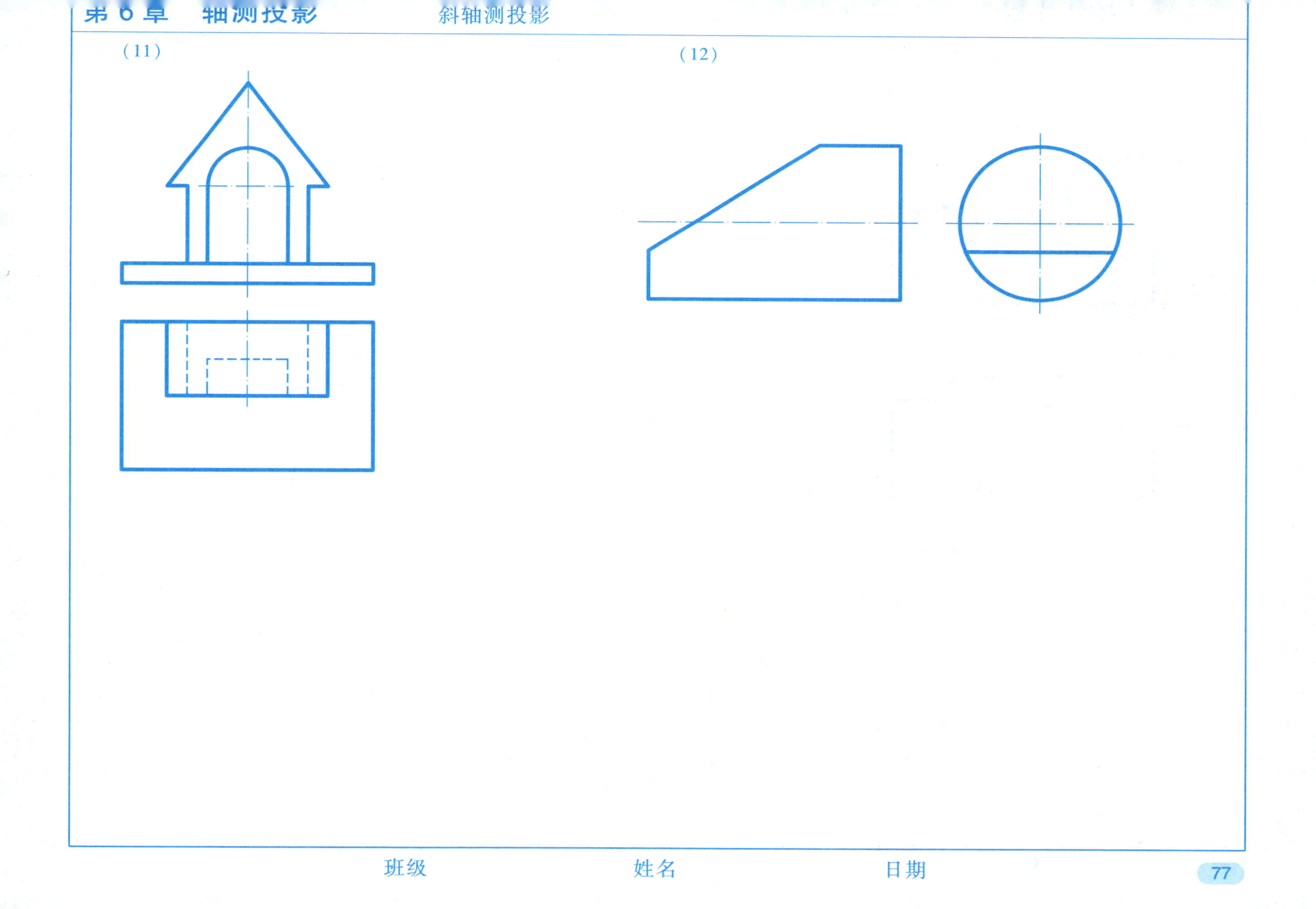

班级　　姓名　　日期

6-3　求作下列形体的水平斜等测投影图。

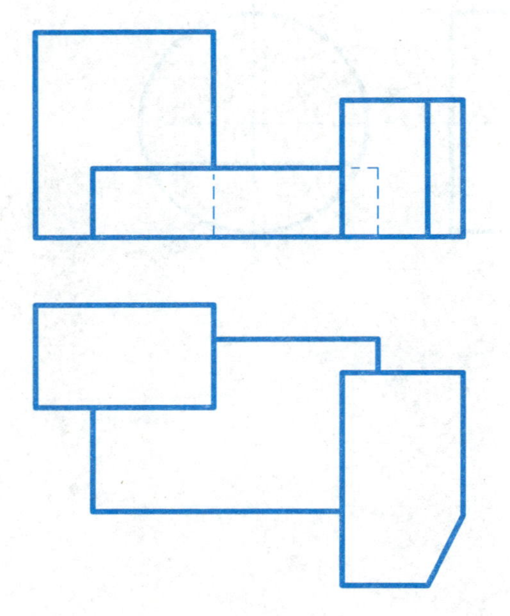

班级　　姓名　　日期

6-4 求作小区的水平斜二测投影图。

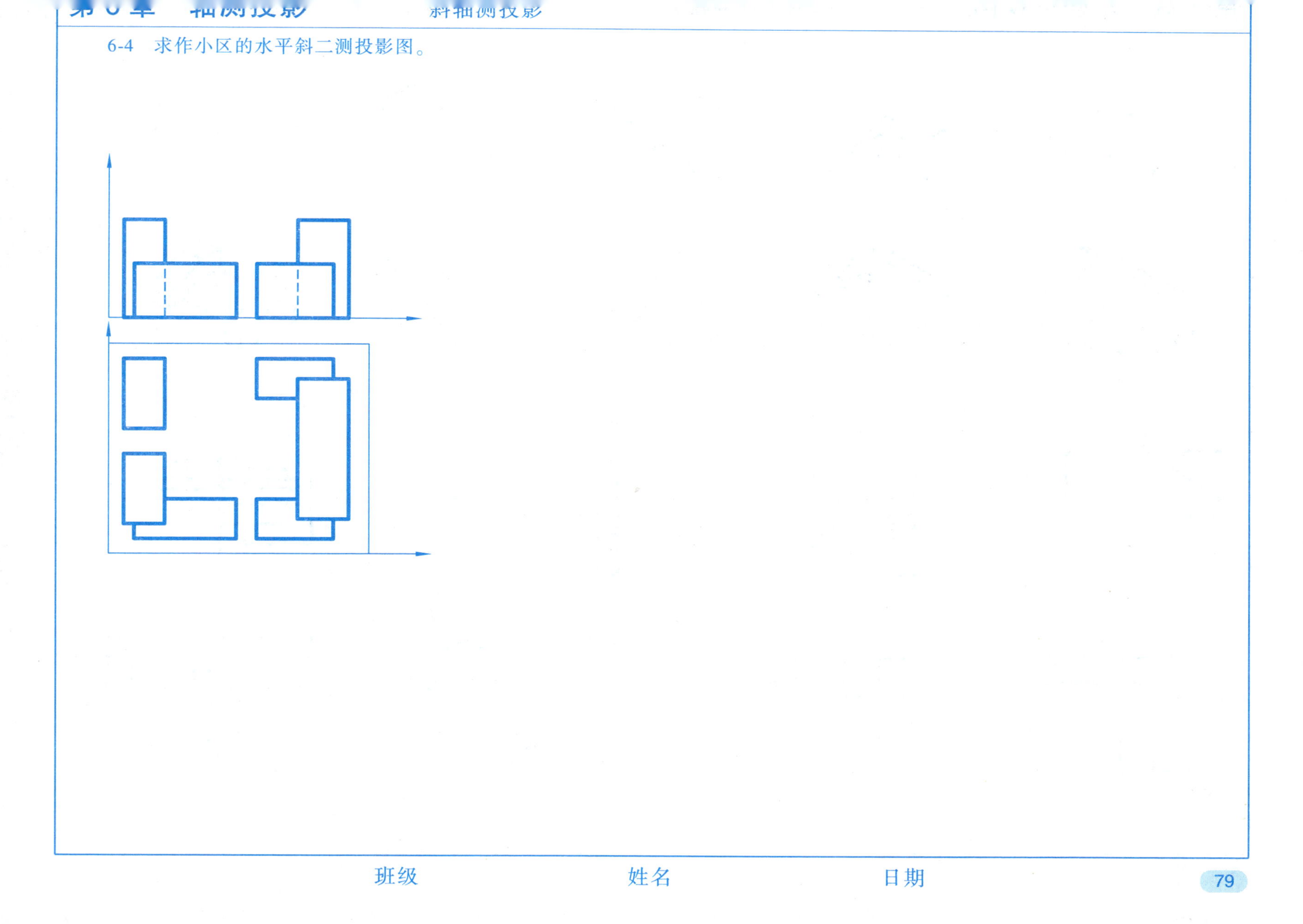

7-1　根据立体图确定投影图。

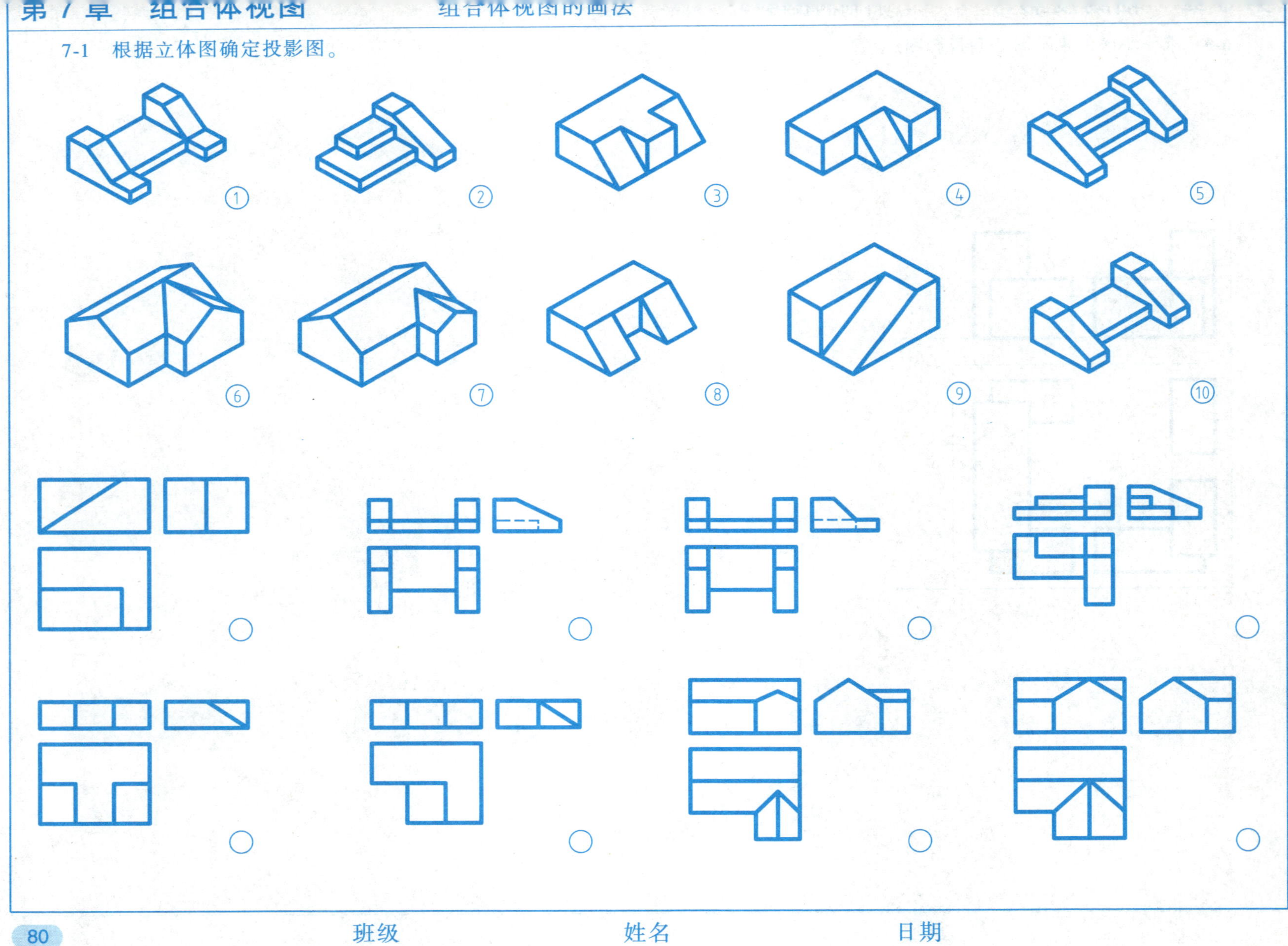

7-2 补画下列组合体三视图中所缺的图线。

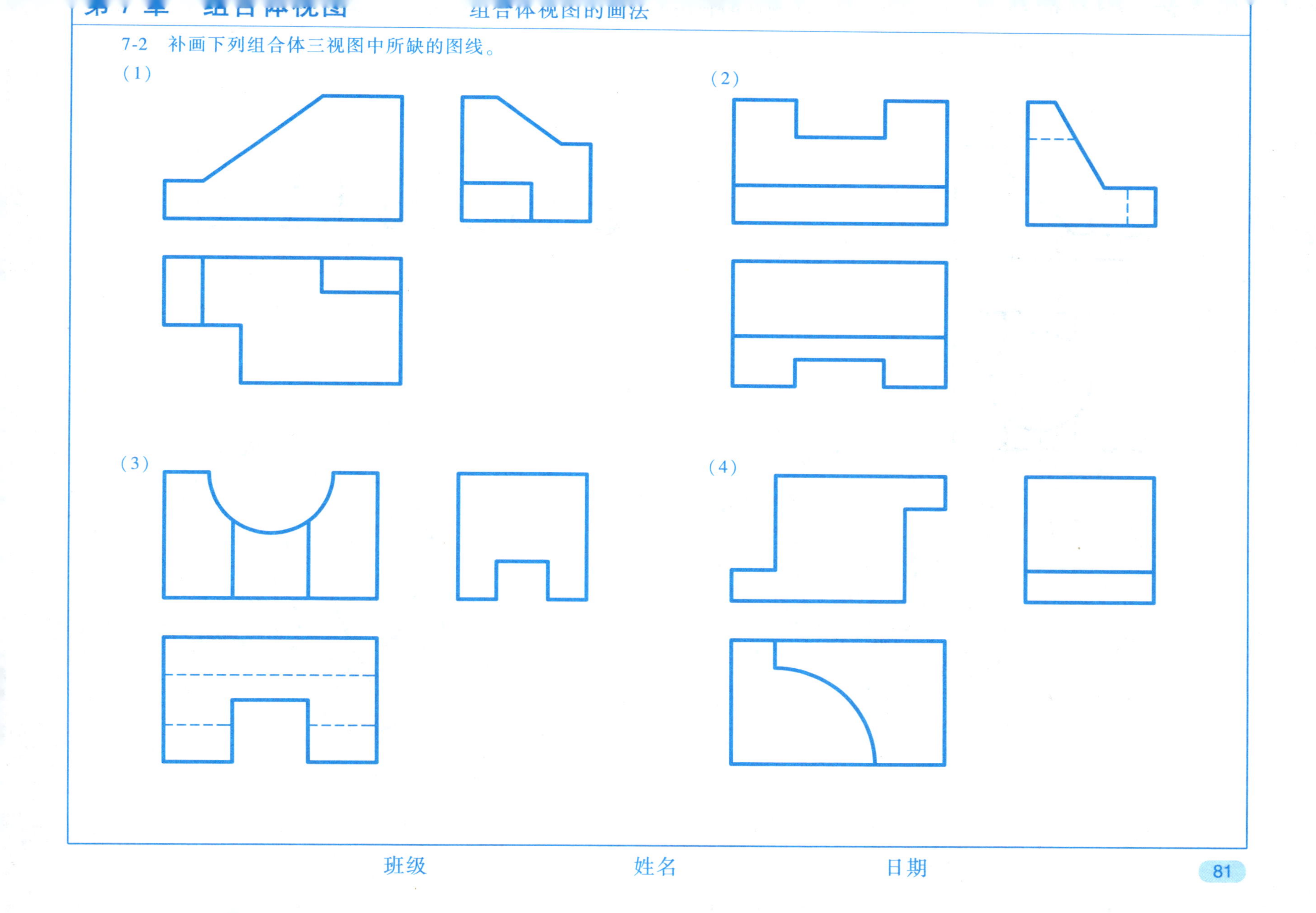

7-3　根据组合体的轴测图和两个视图，补画第三个视图。

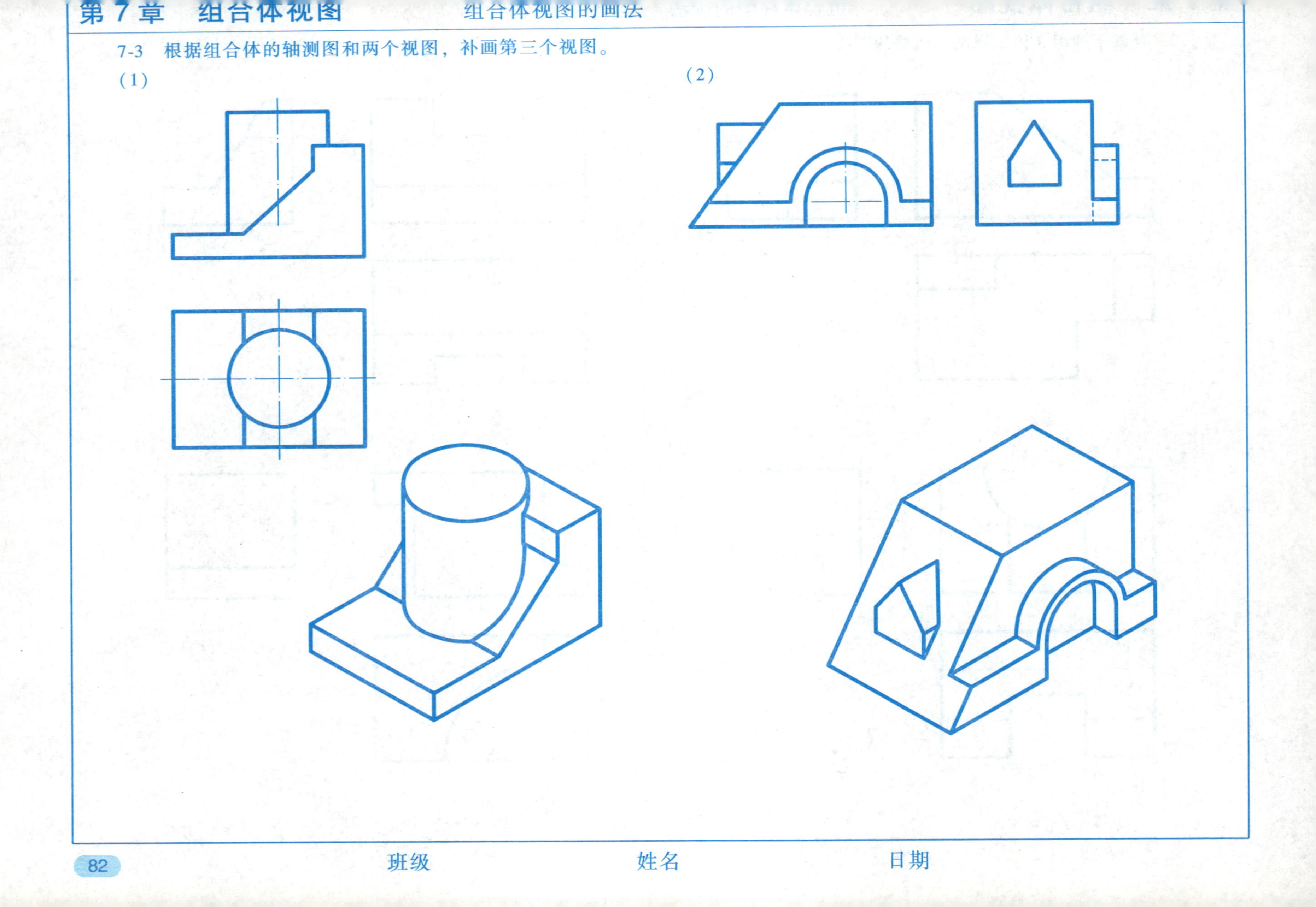

7-4 根据组合体的轴测图和一个视图，补画另外两个视图。

(1) (2)

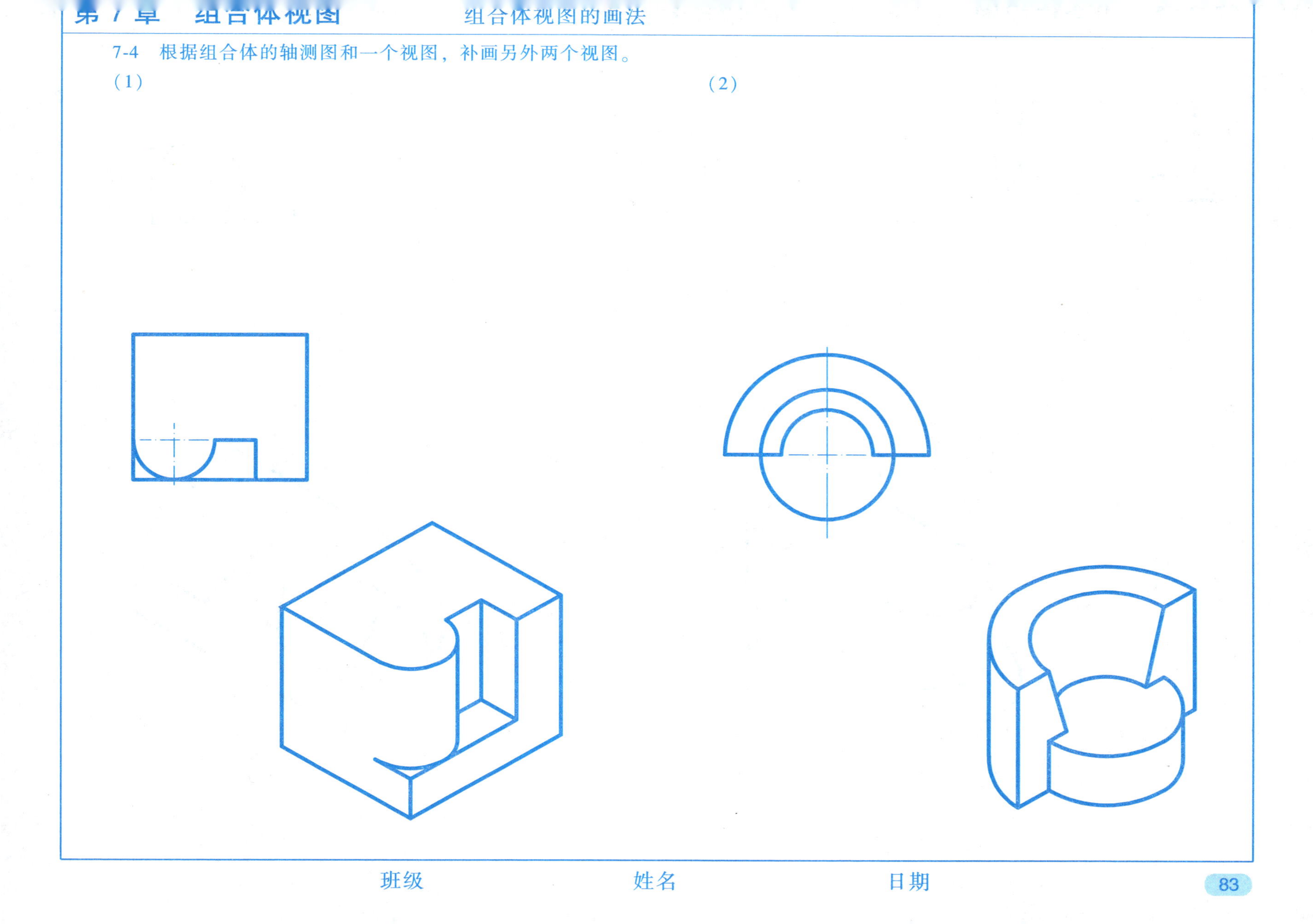

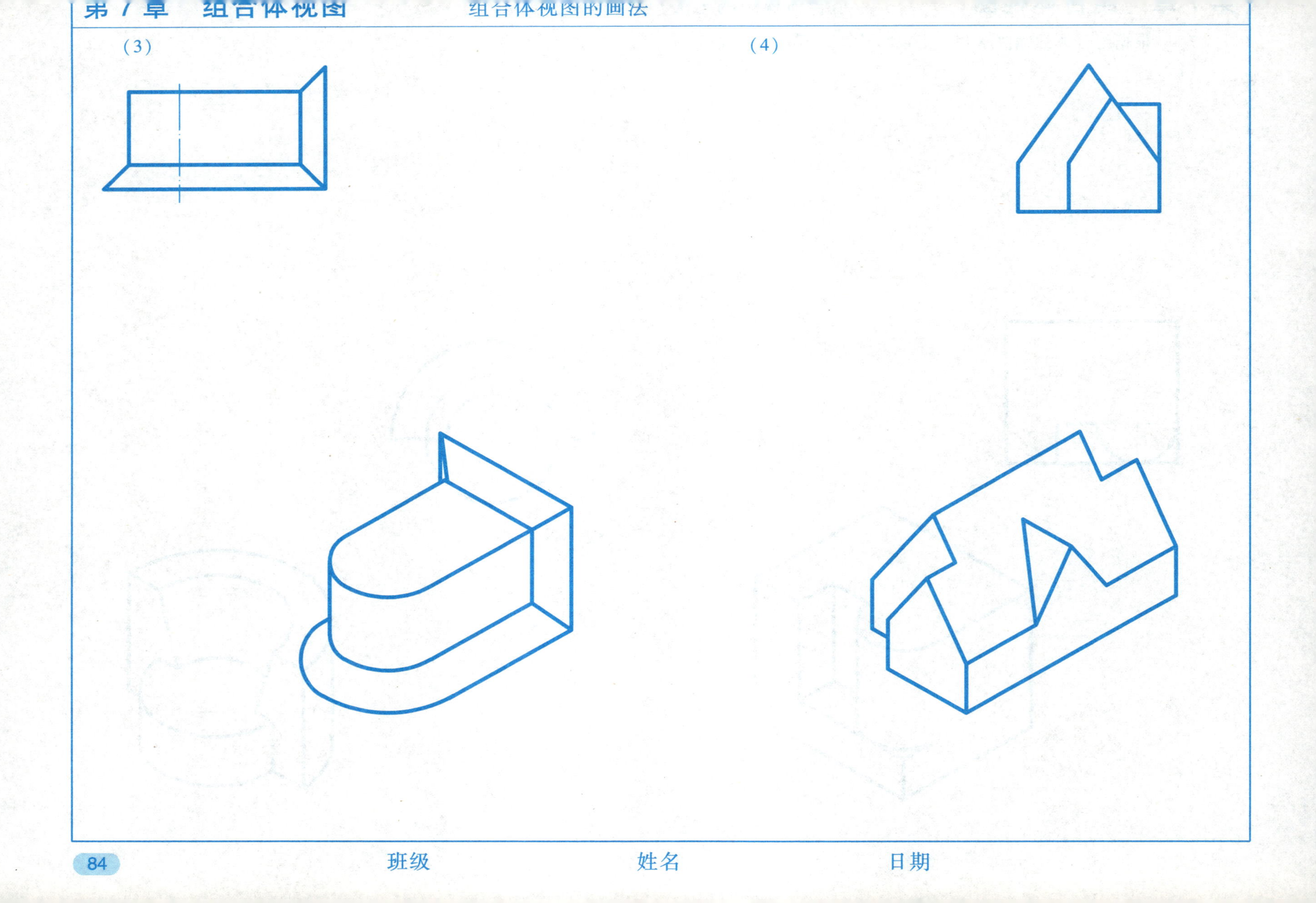
(3)
(4)

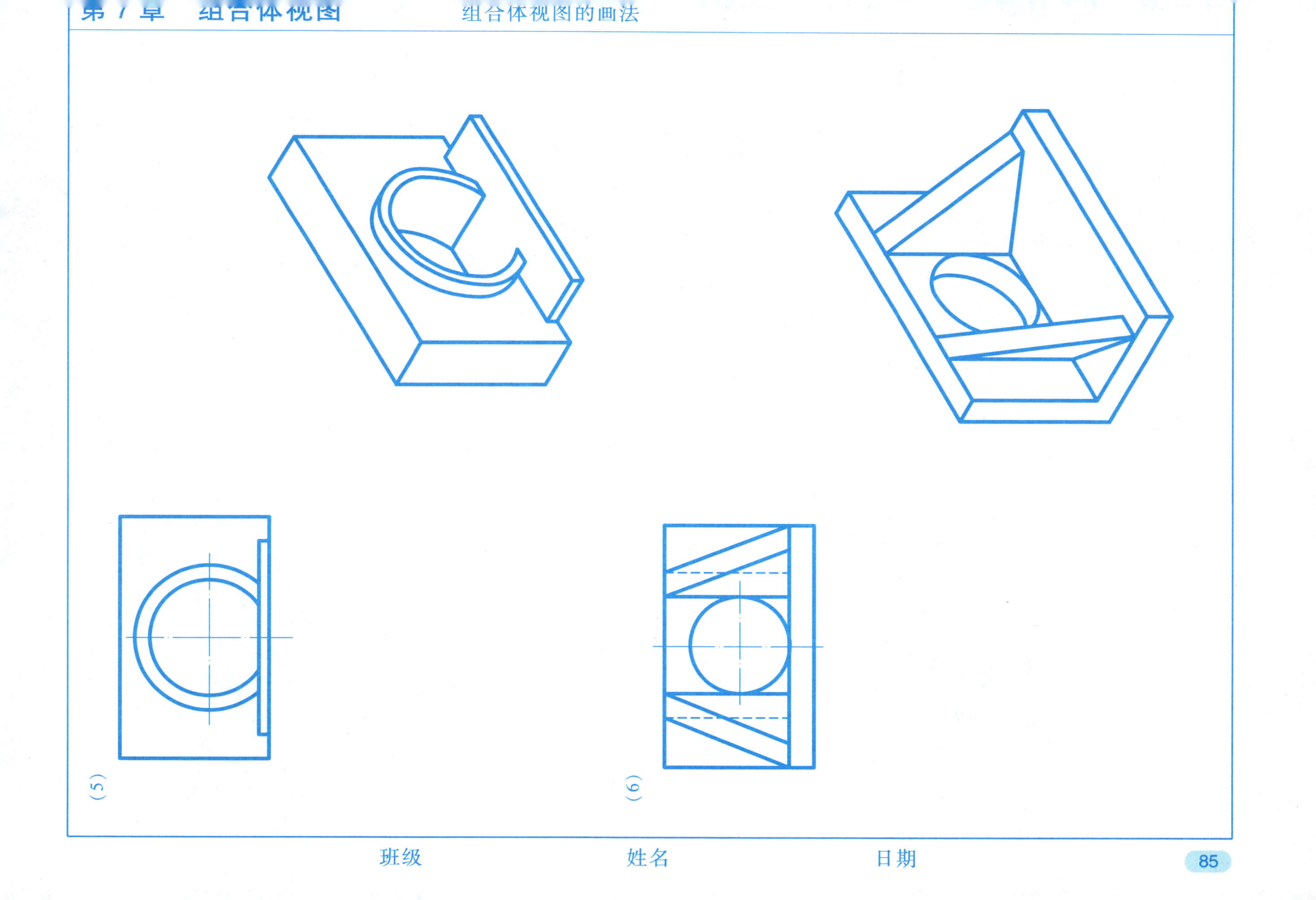
(5)
(6)

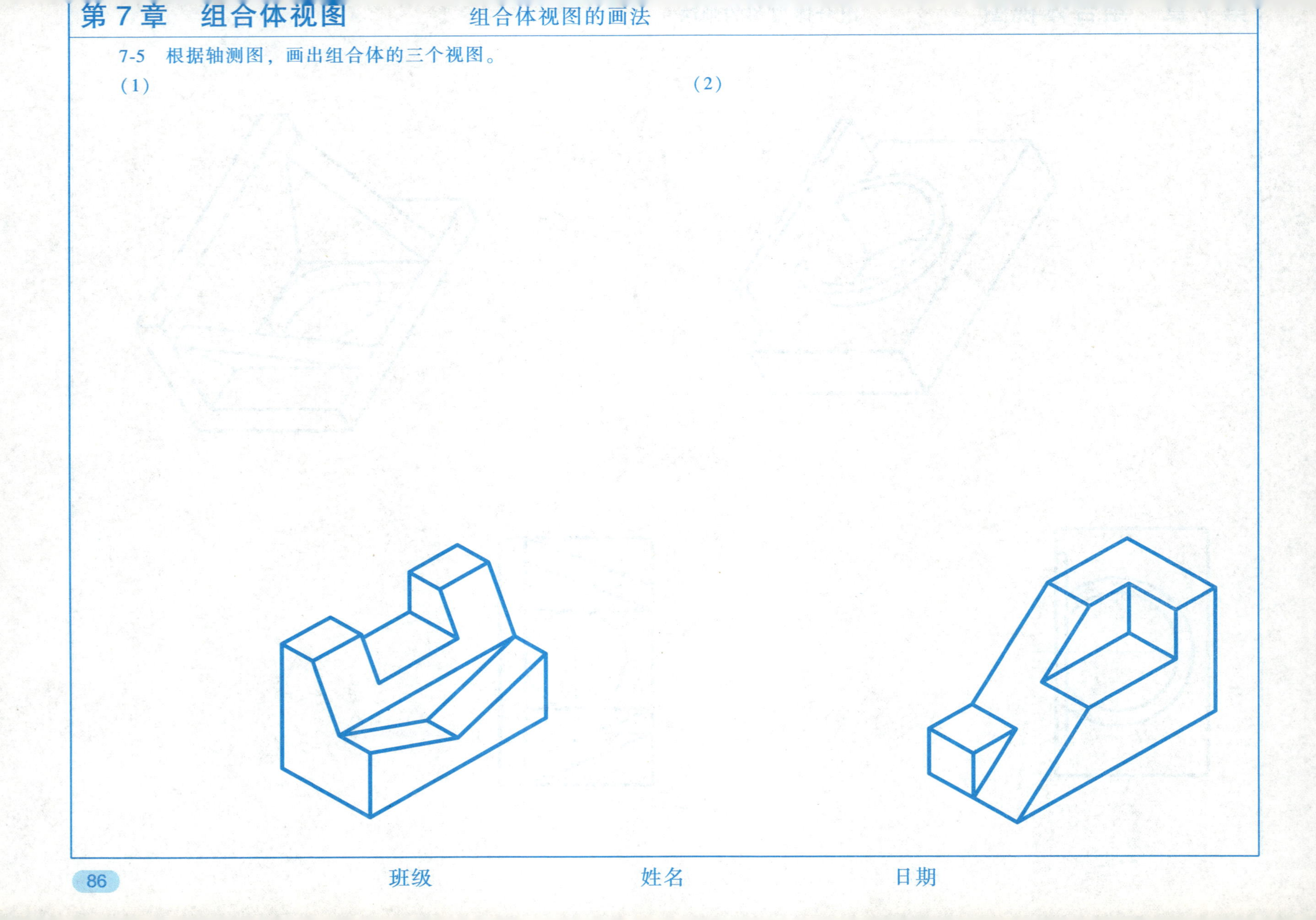

7-5　根据轴测图，画出组合体的三个视图。

（1）　　（2）

班级　　姓名　　日期

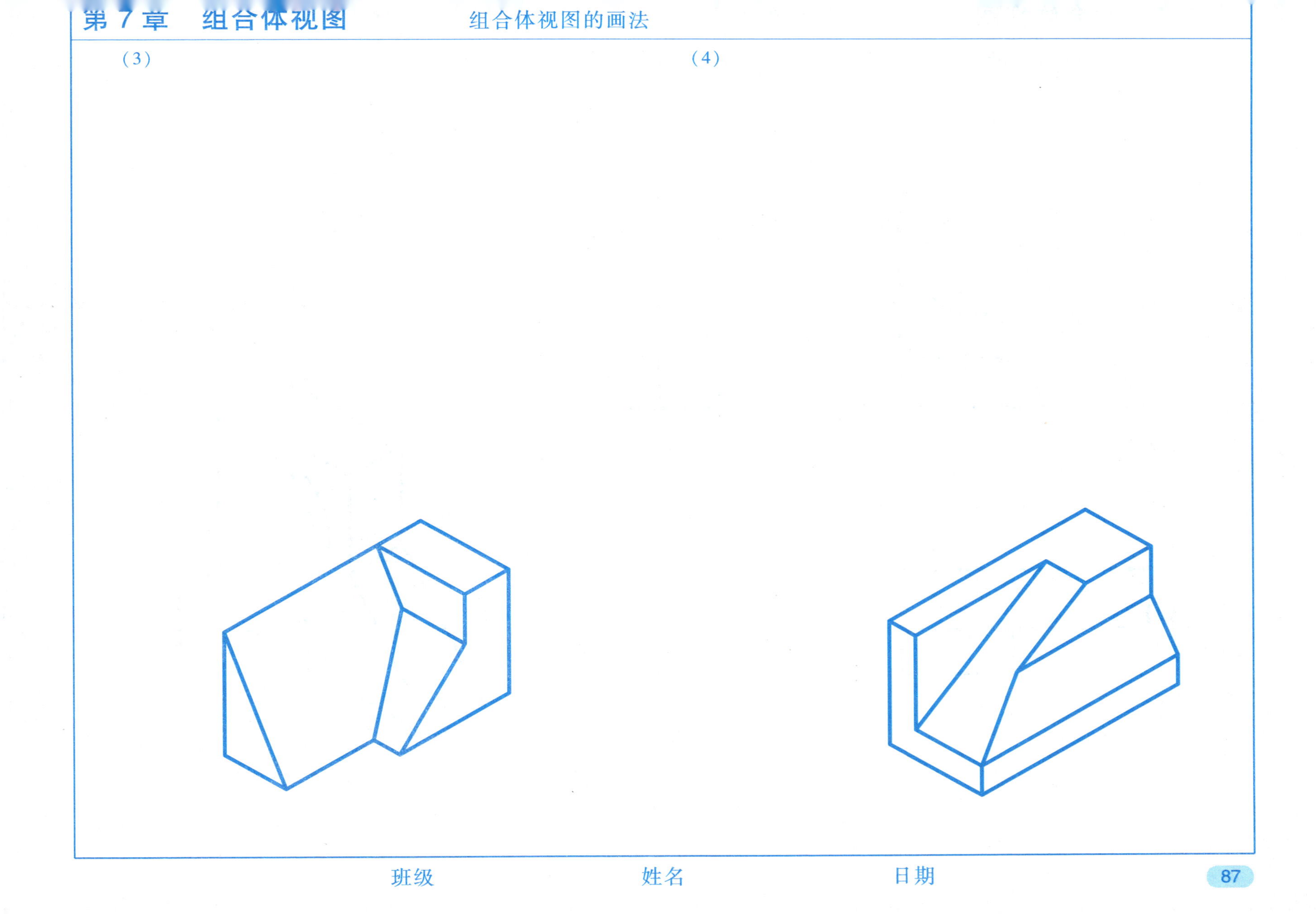
(3)
(4)

7-6　标注下列各组合体的尺寸（尺寸数值由视图中按 1∶1 量取）。

（1）

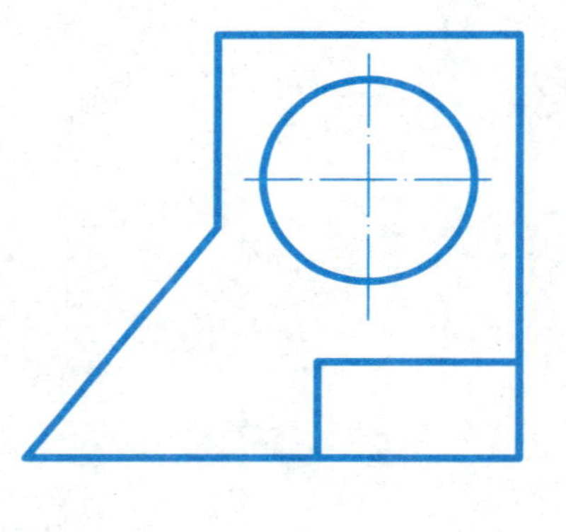

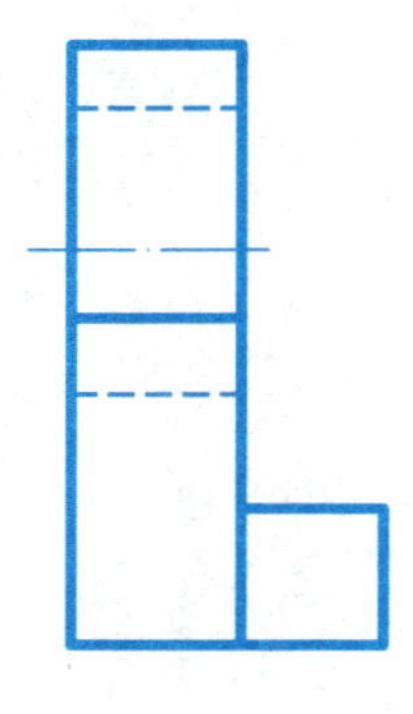

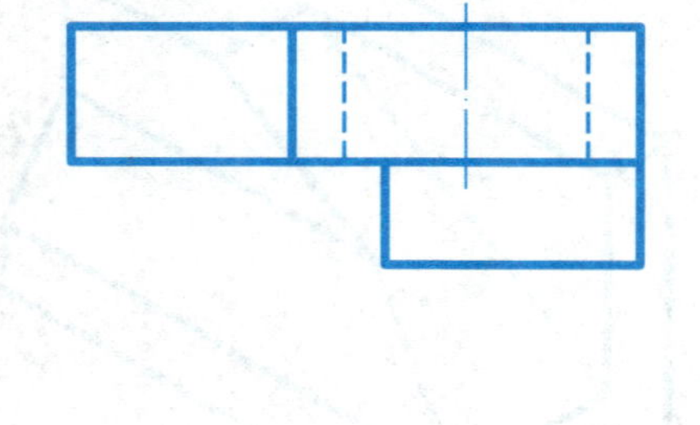

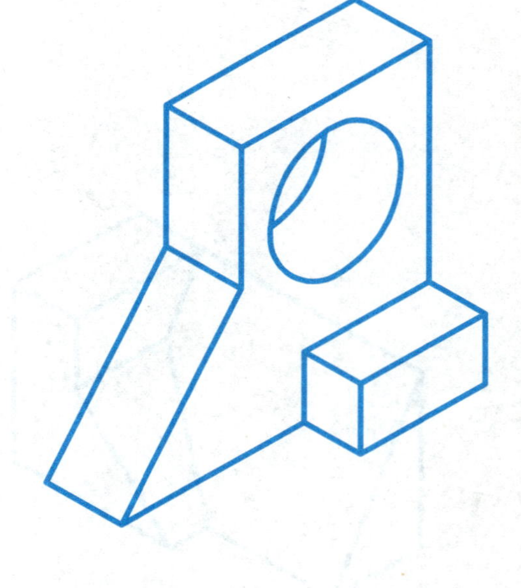

(2)

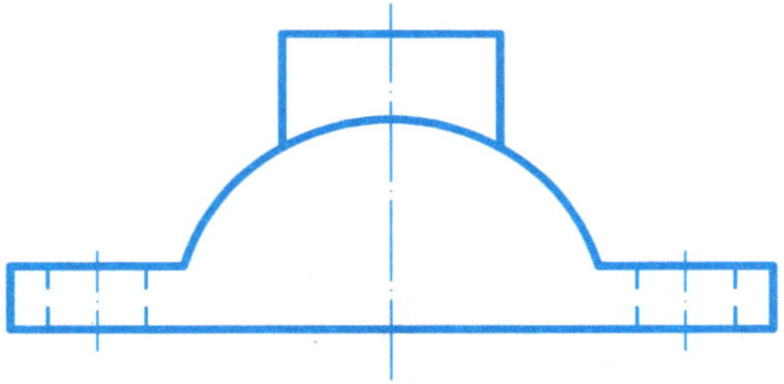

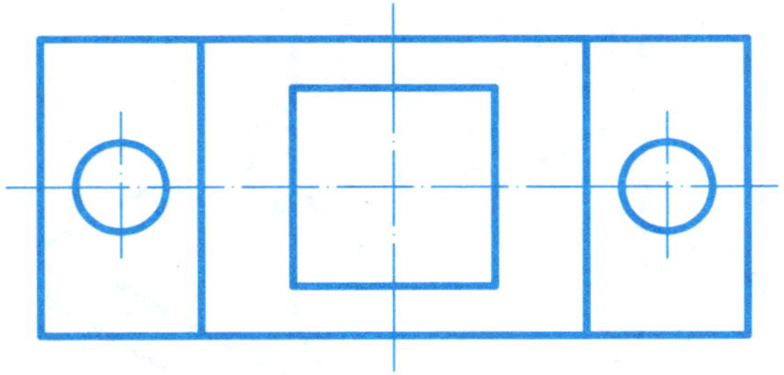

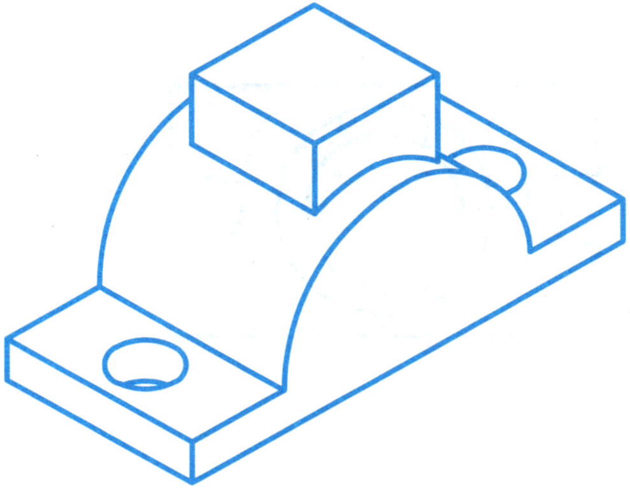

(3)

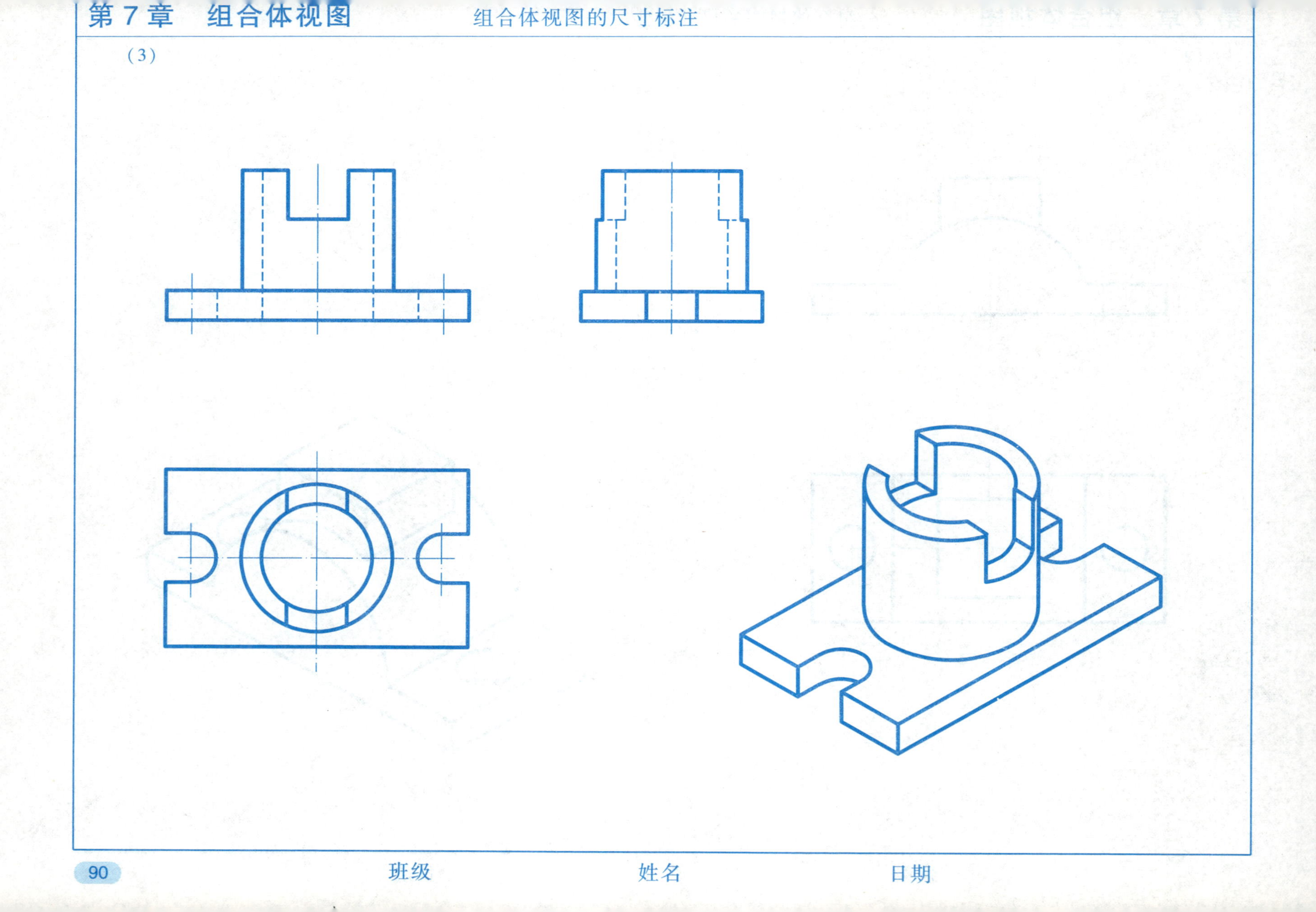

班级　　姓名　　日期

（4）

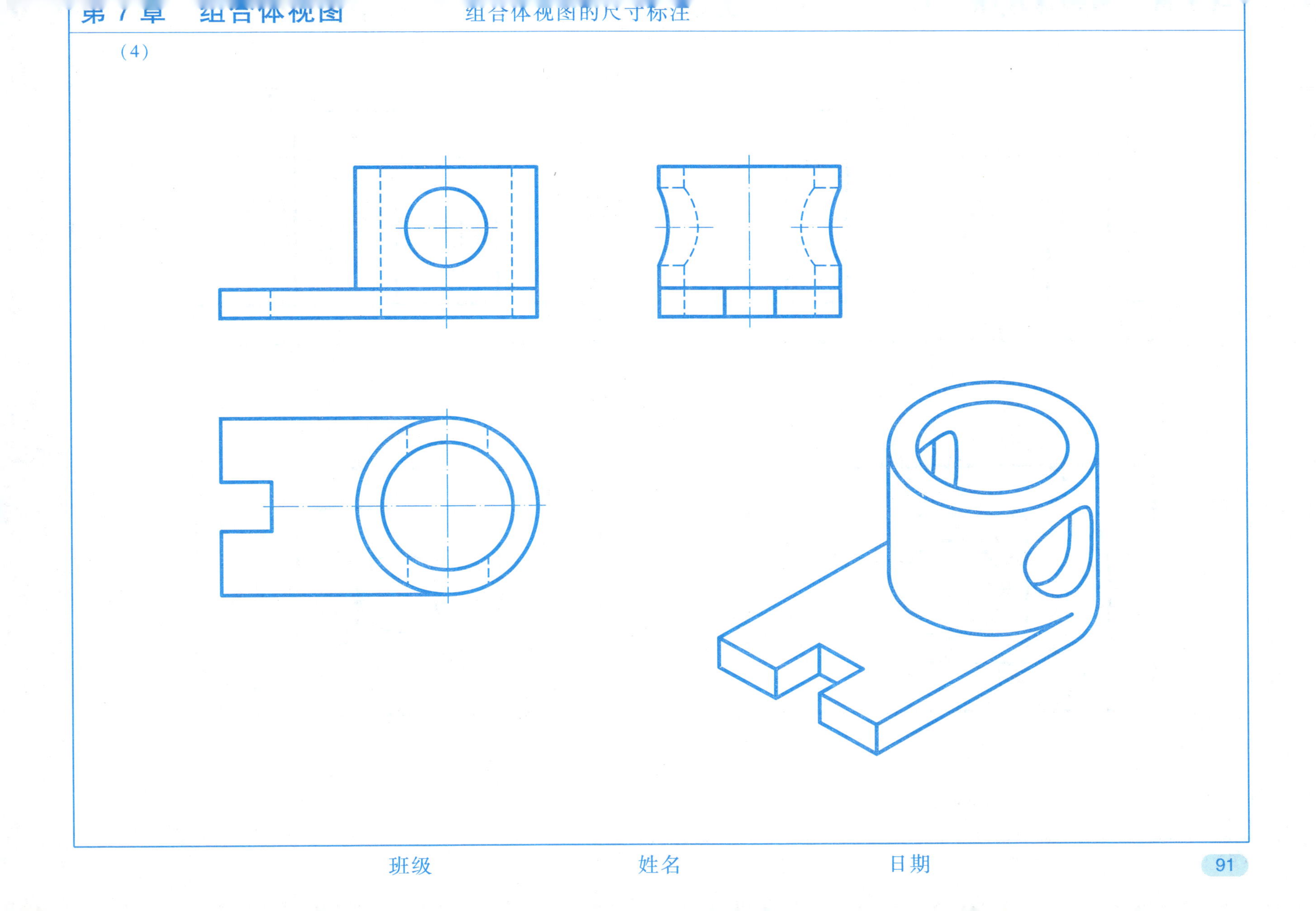

班级 姓名 日期

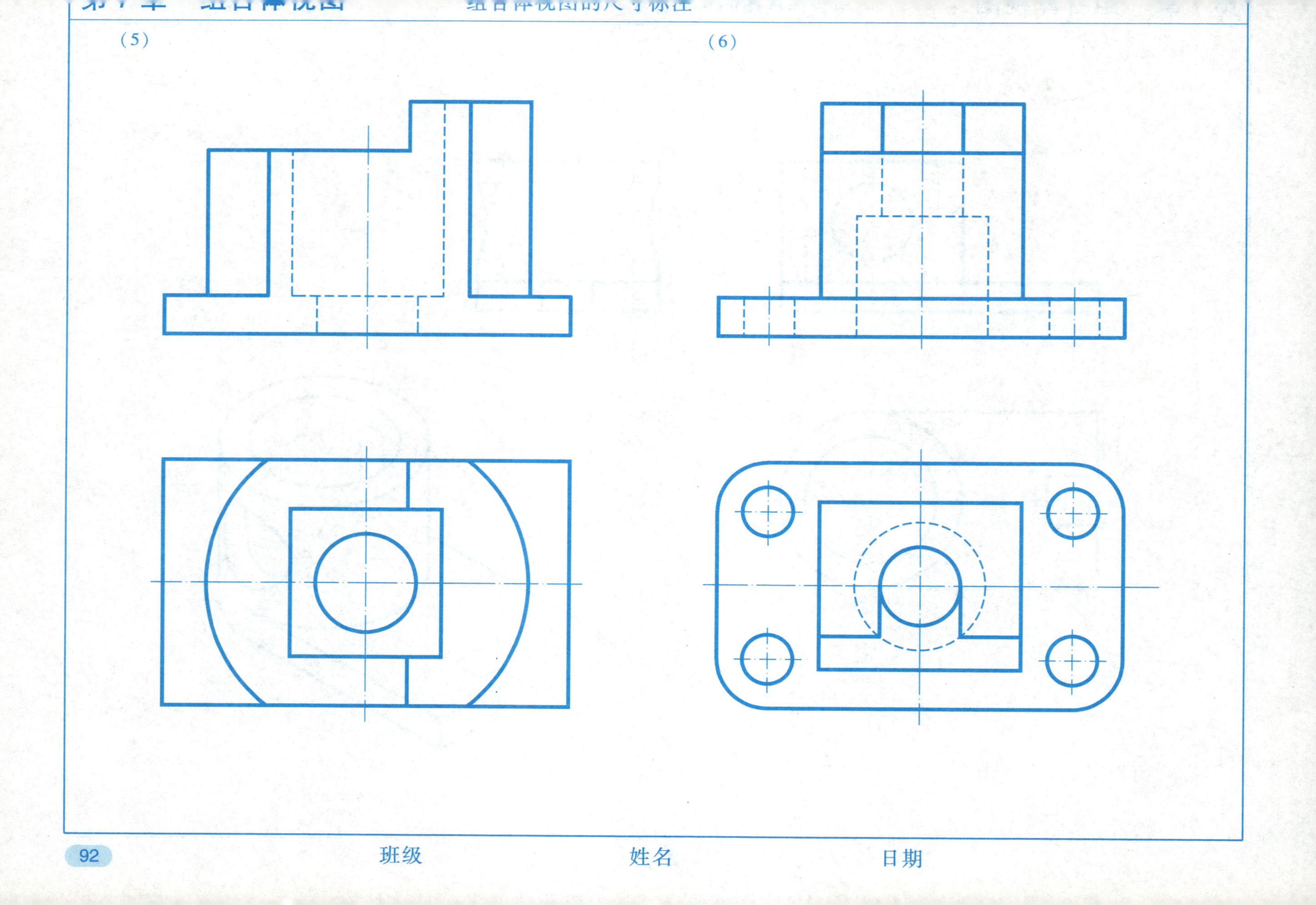
(5)
(6)

7-7　根据两面视图补画出第三视图。

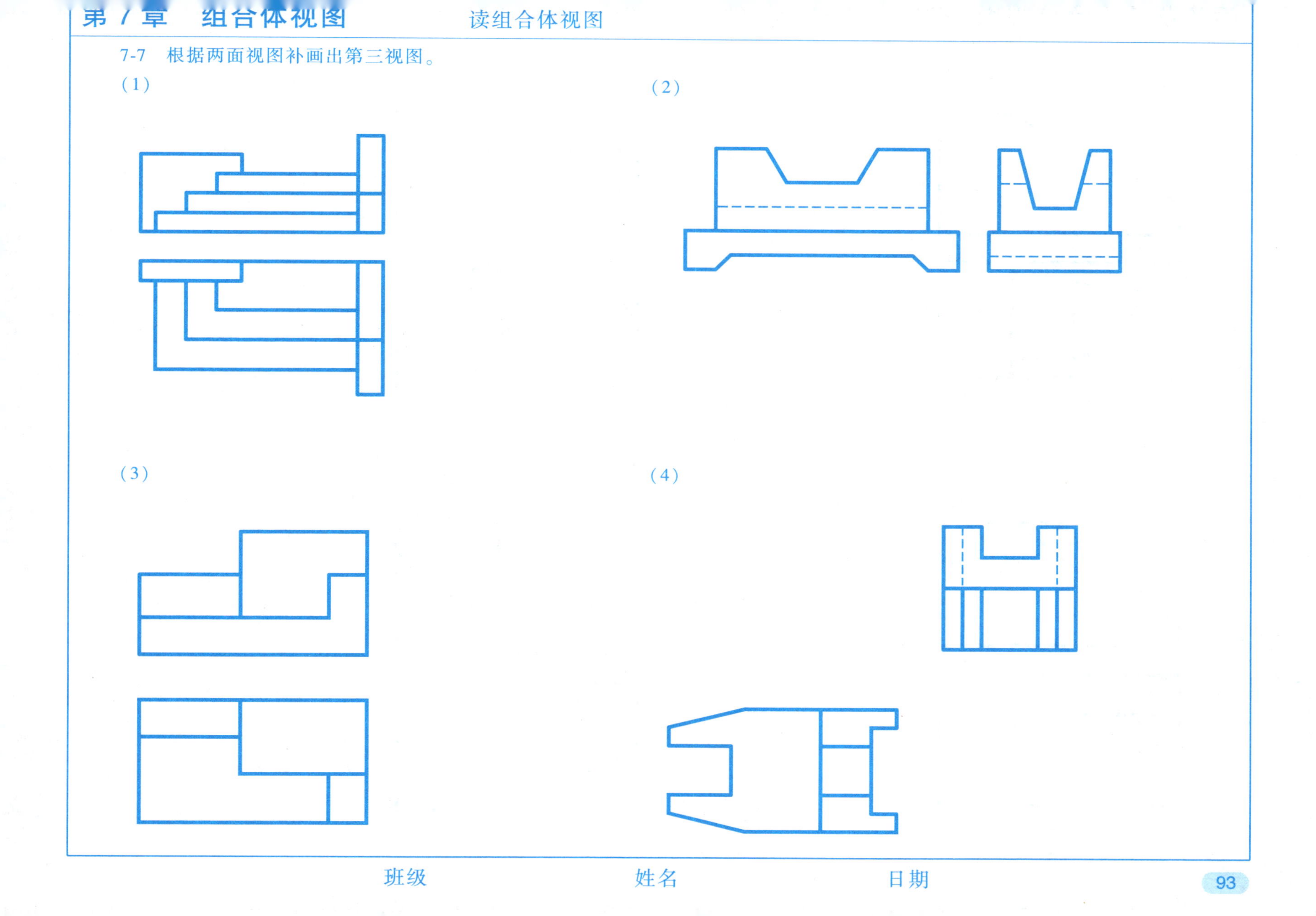

班级　　姓名　　日期

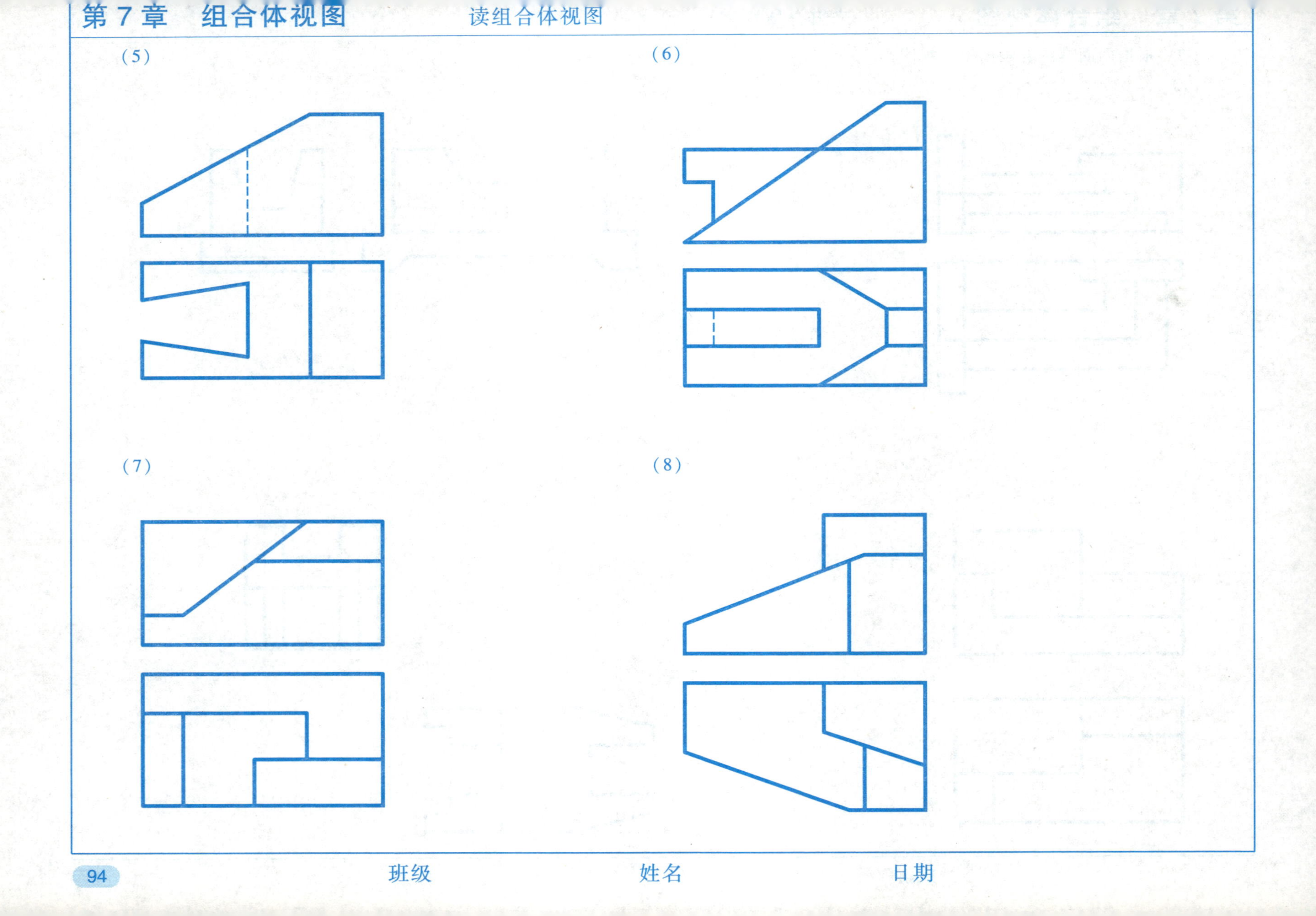

班级　　姓名　　日期

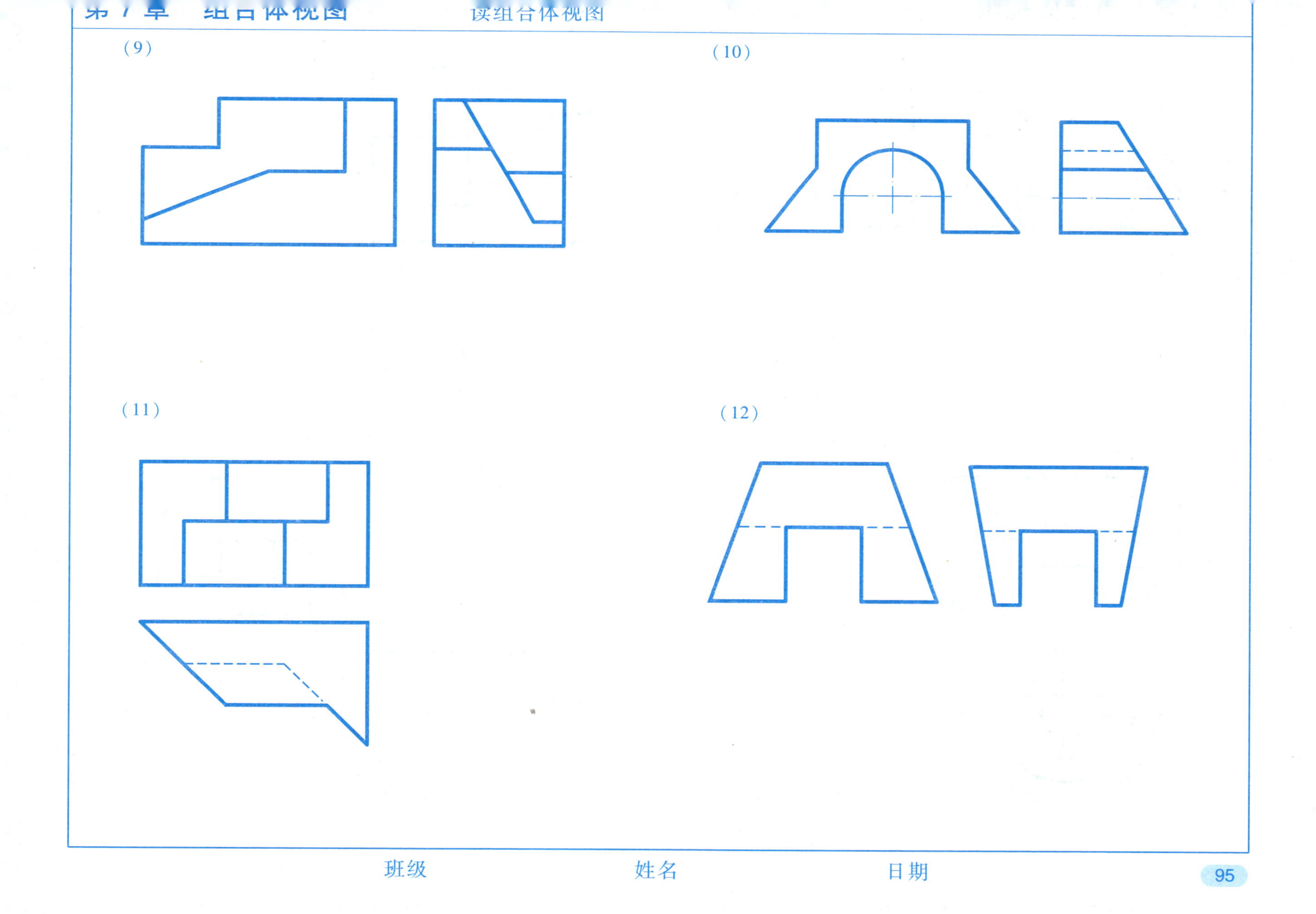

班级 姓名 日期

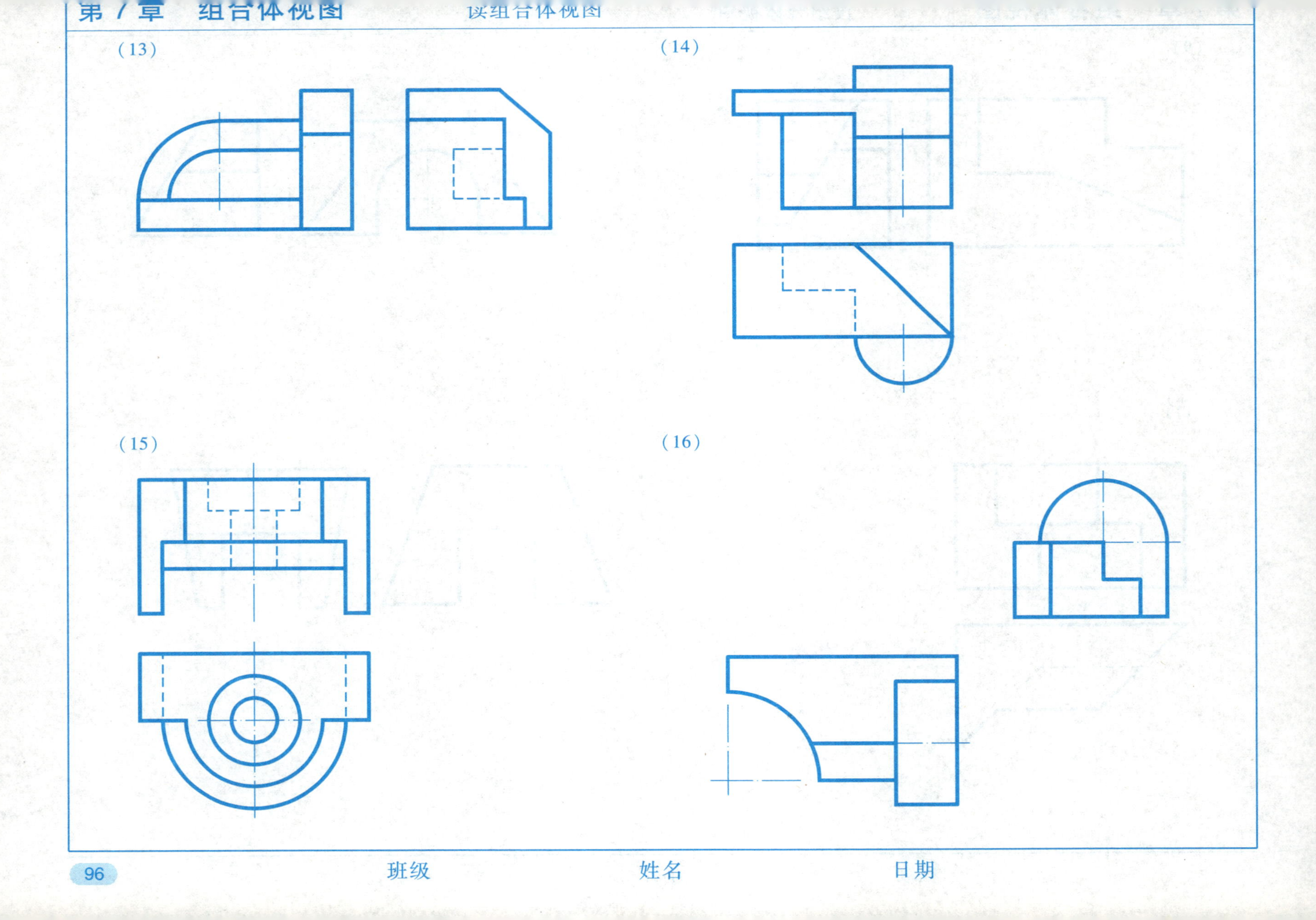
(13)
(14)
(15)
(16)

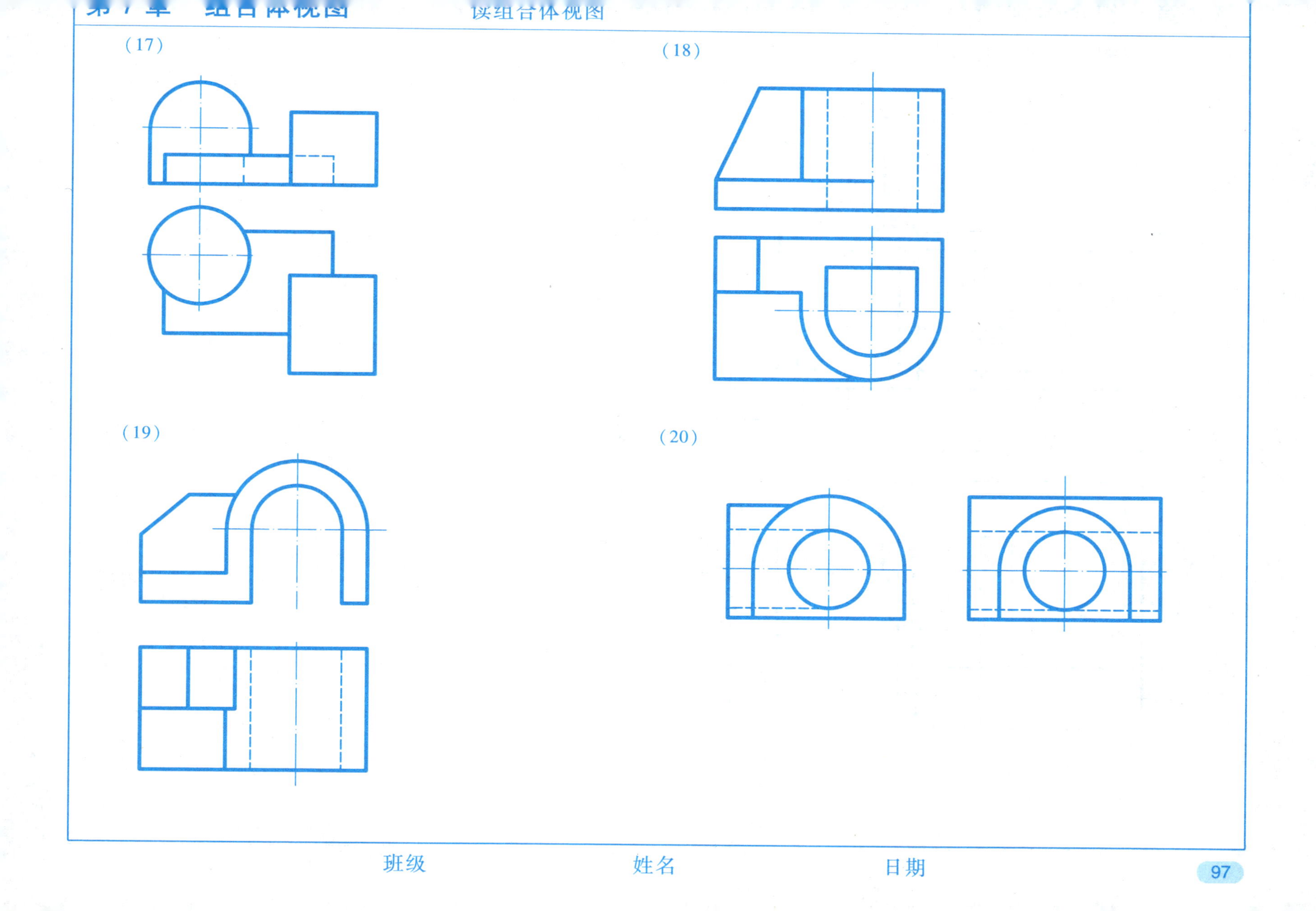
(17)
(18)
(19)
(20)

根据两面视图补画出第三视图。

(1)

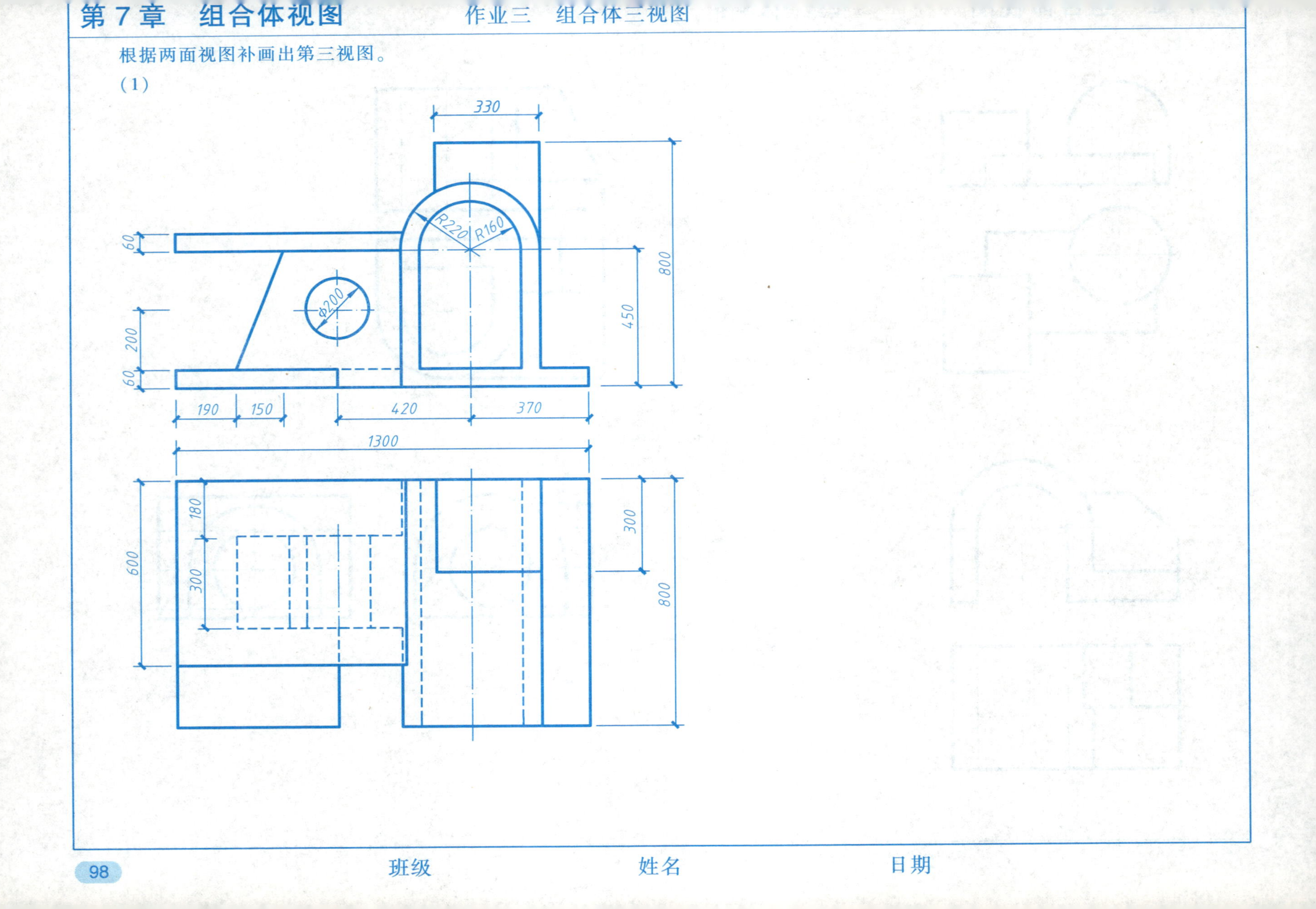

班级　　姓名　　日期

(2)

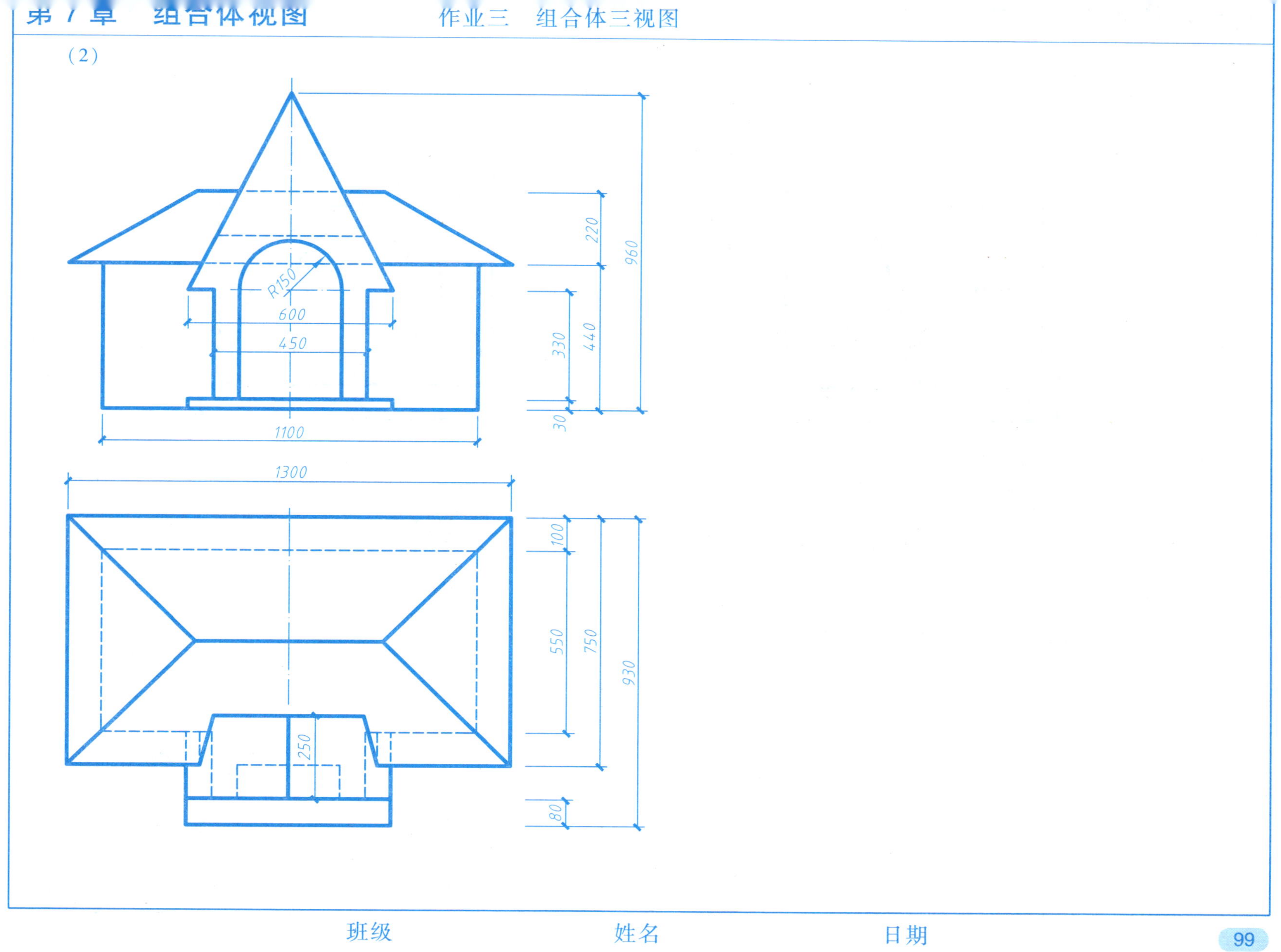

（3）

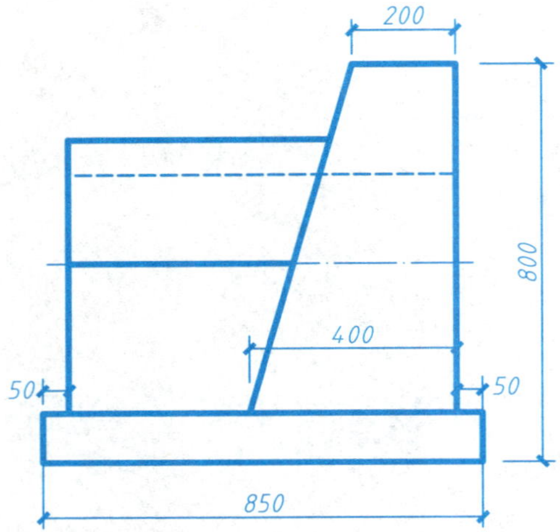

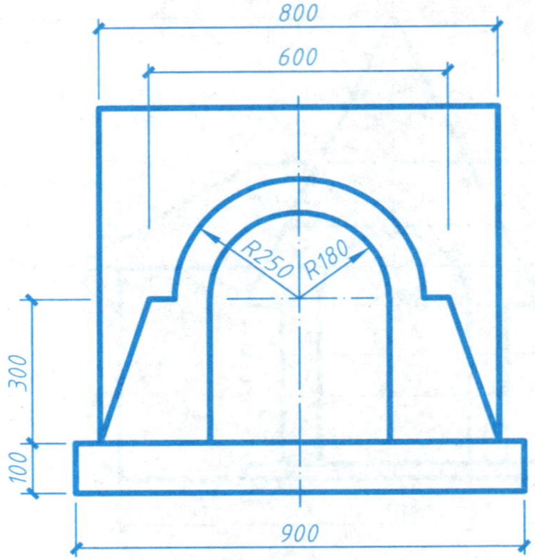

200
800
400
50
50
850
800
600
R250
R180
300
100
900

班级　　姓名　　日期

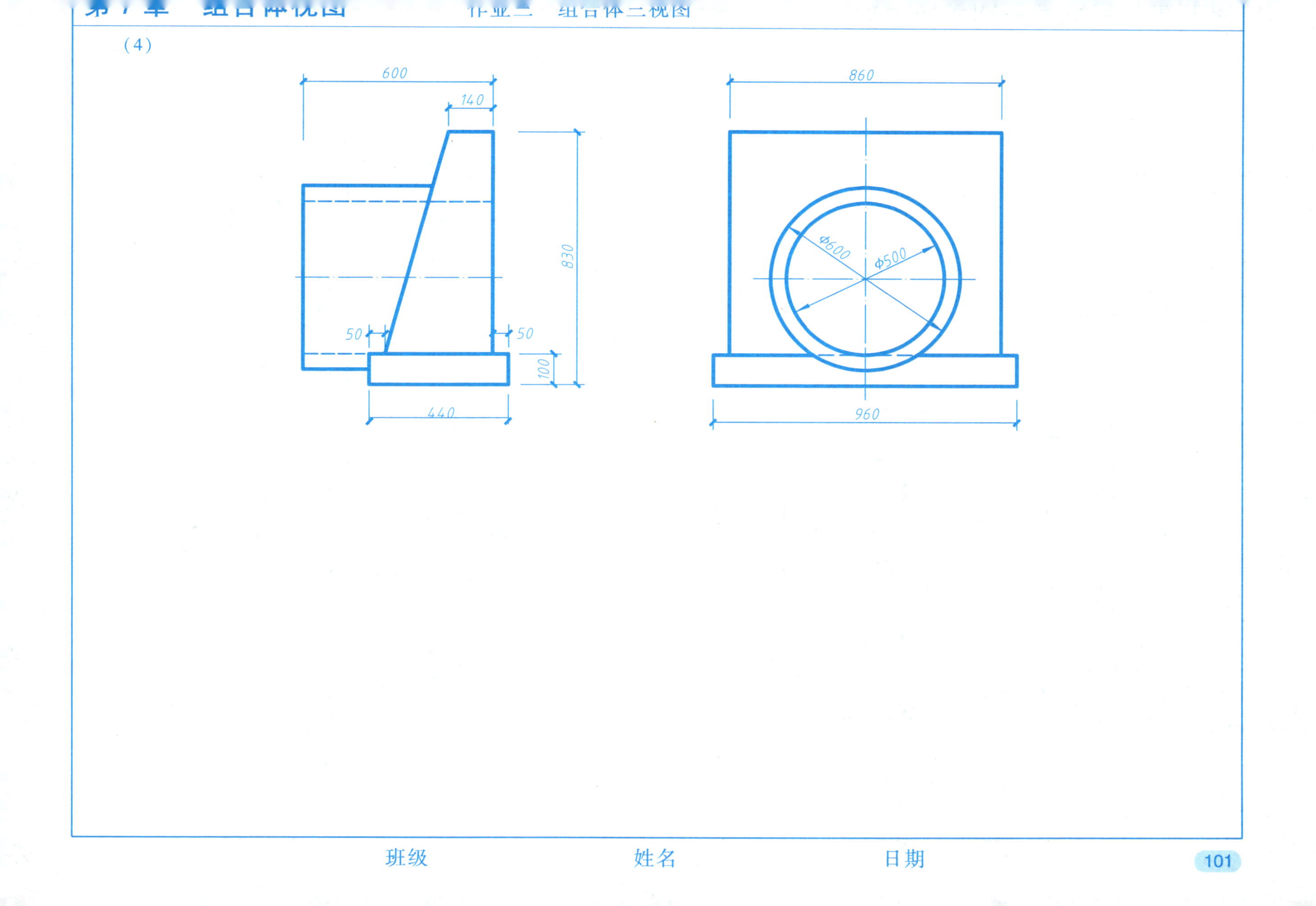
(4)
600
140
830
50
50
100
440
860
φ600
φ500
960

8-1　补全剖面图中所缺的图线。

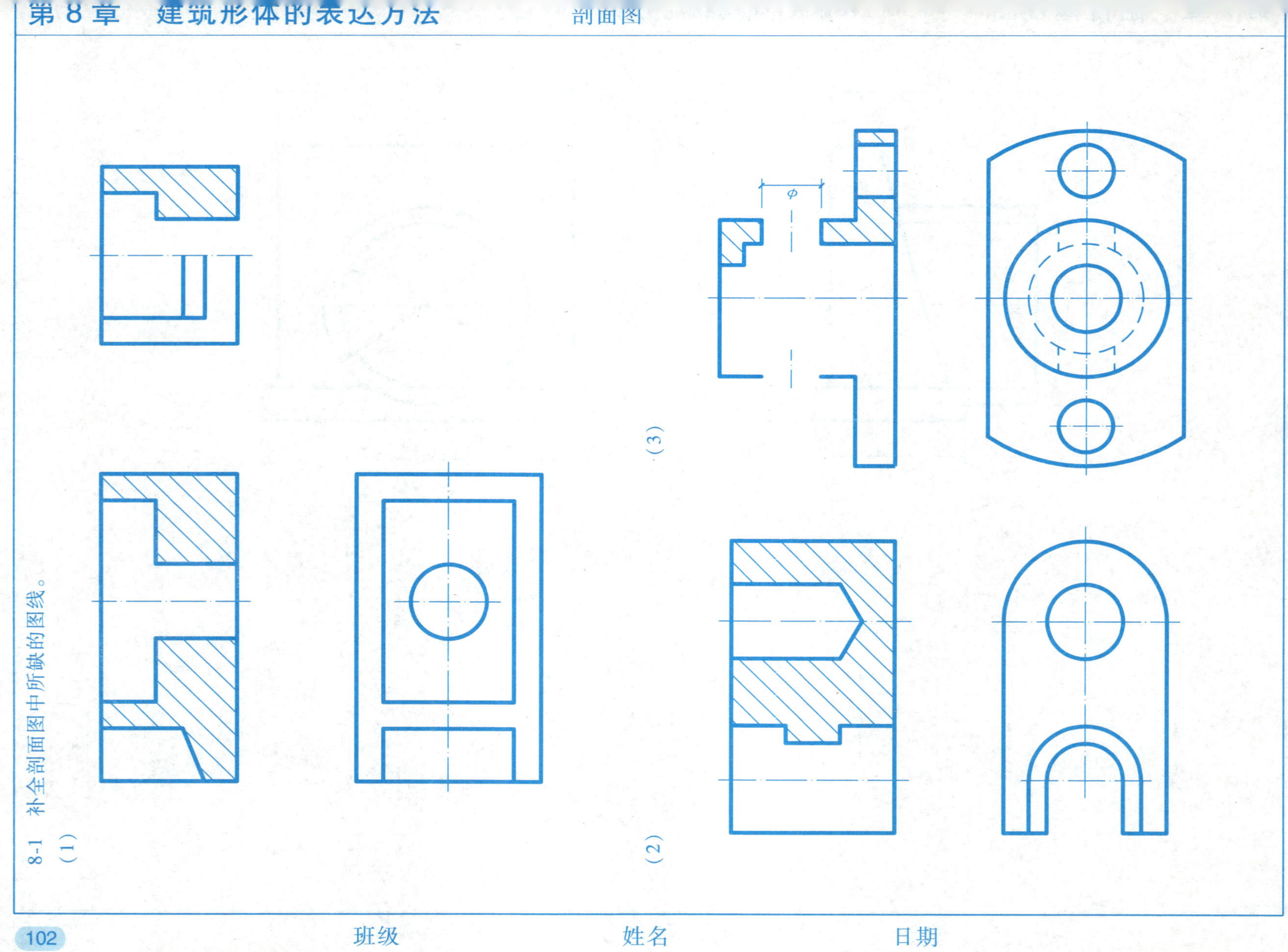

班级　　　　姓名　　　　日期

8-2　将左视图改画成全剖面图。

8-3　将左视图画成全剖面图。

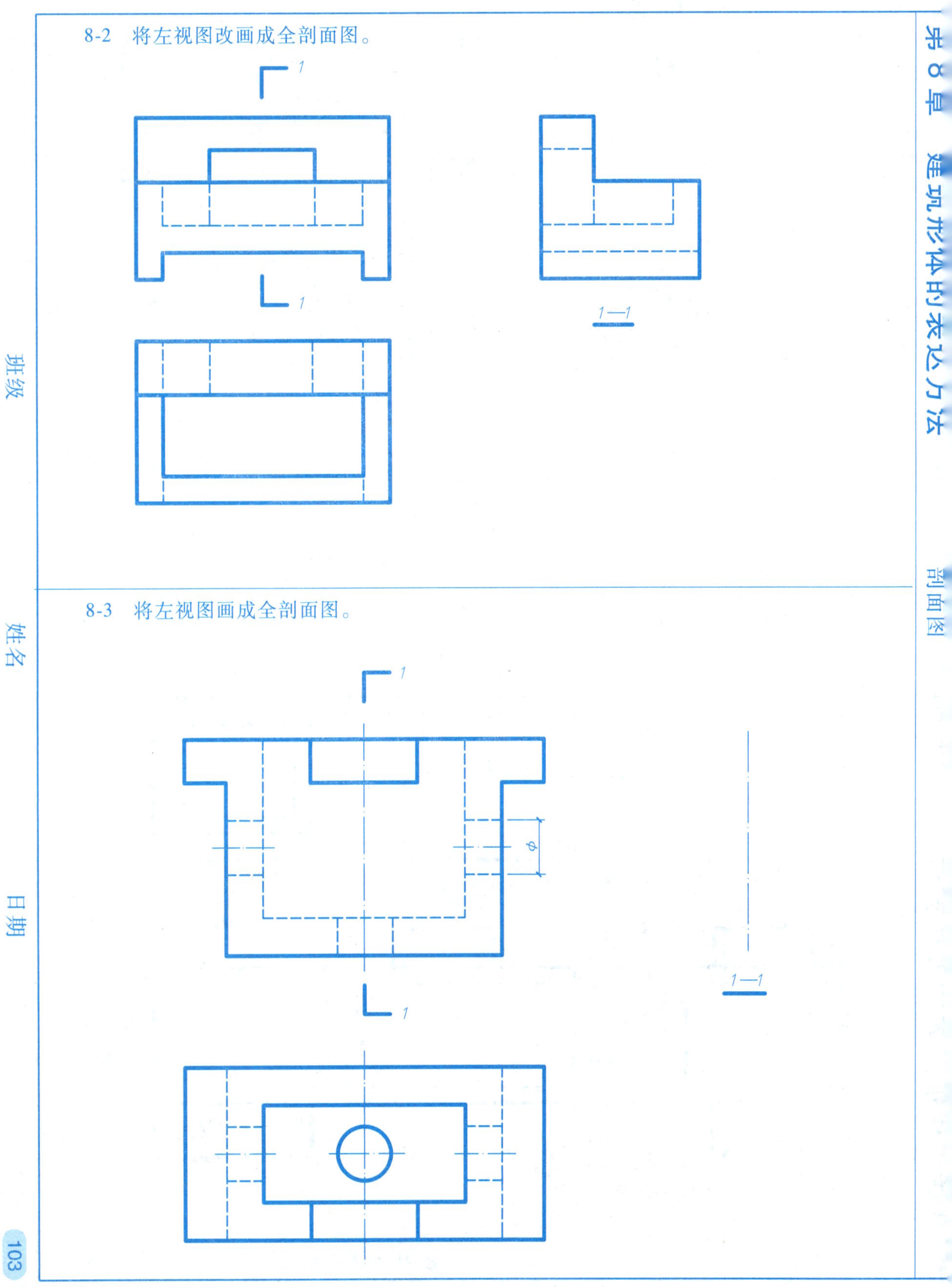

8-4　求作下列各指定剖切位置的剖面图。

（1）

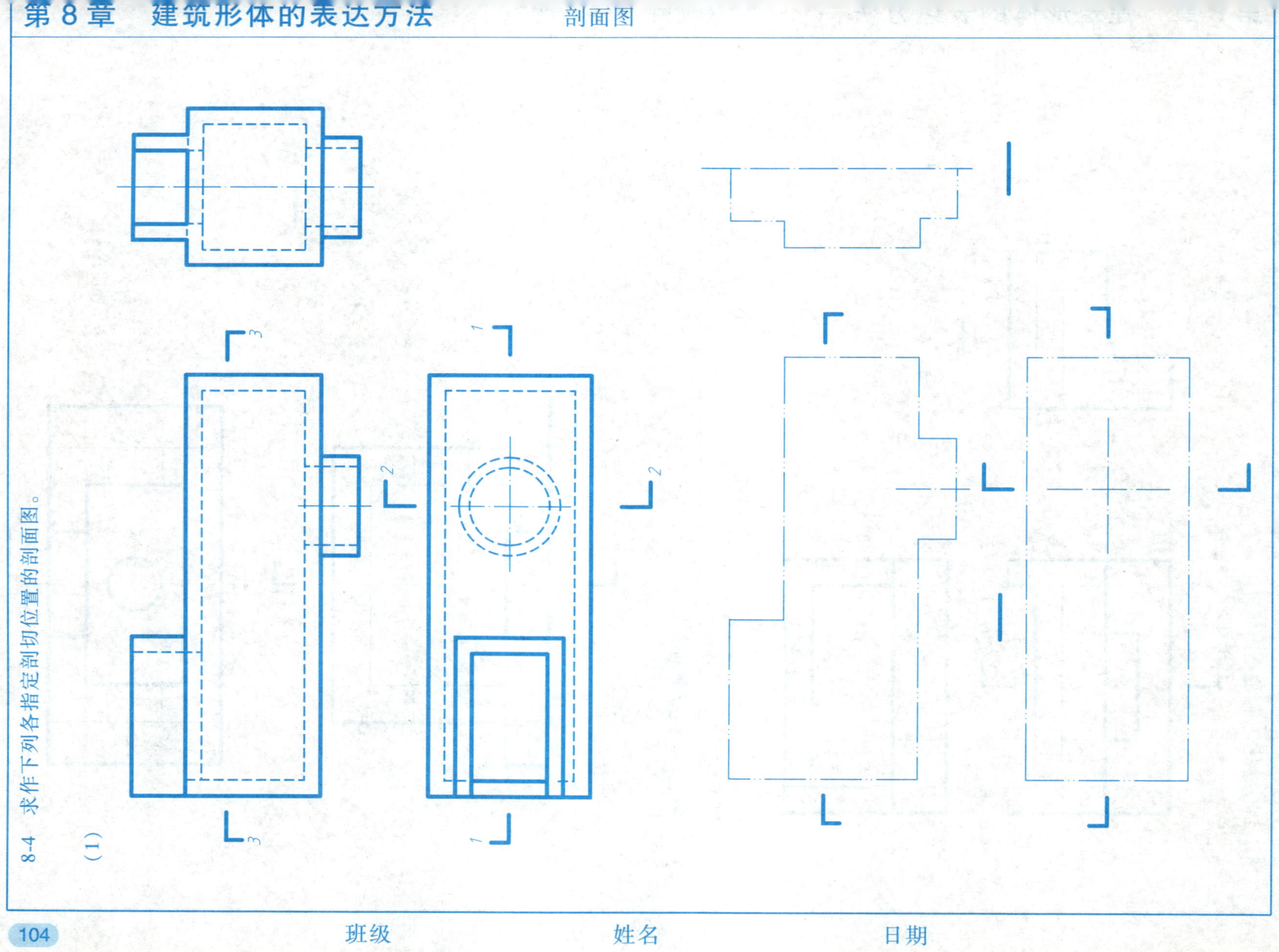

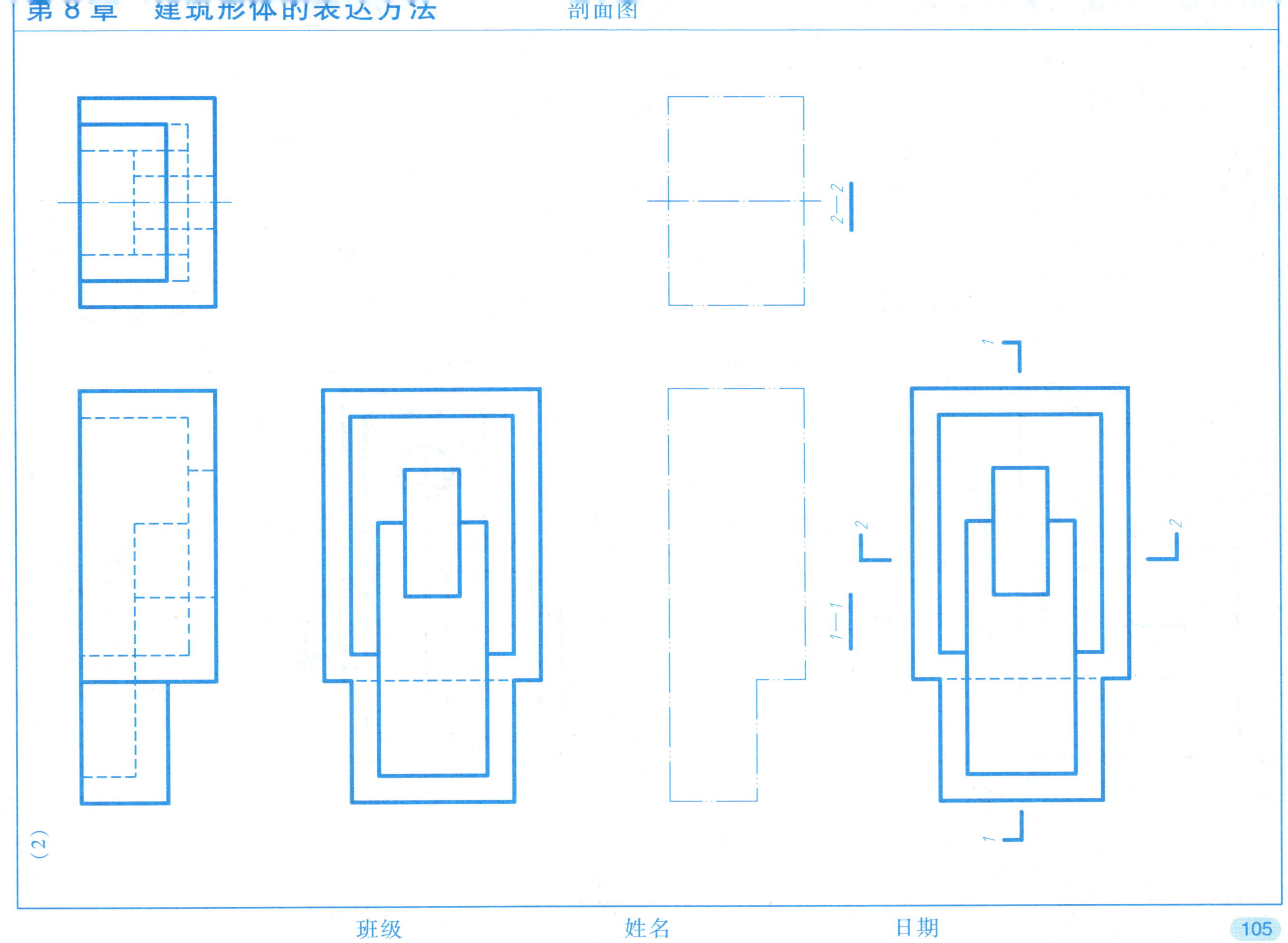

班级　　姓名　　日期

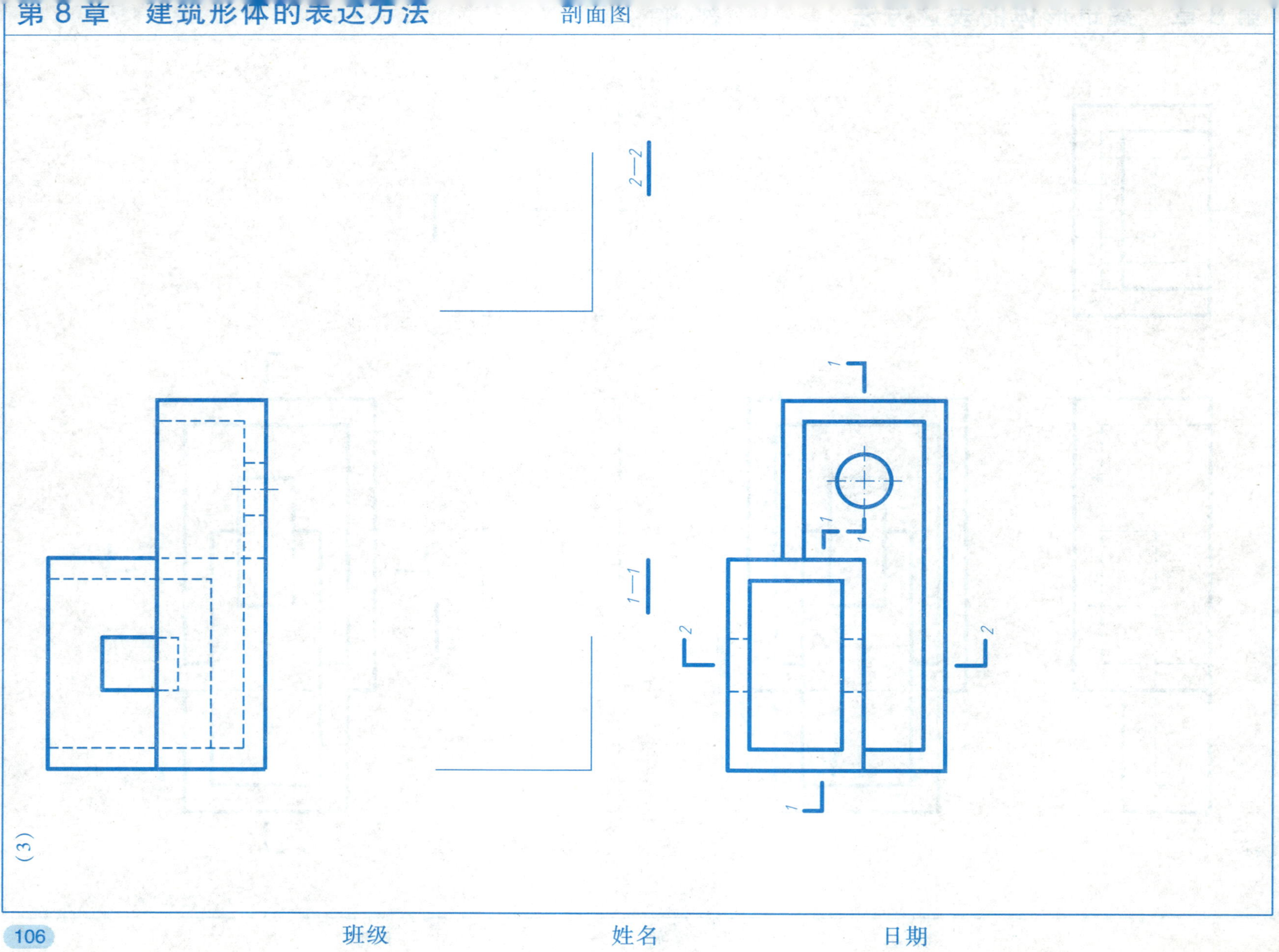

班级 姓名 日期

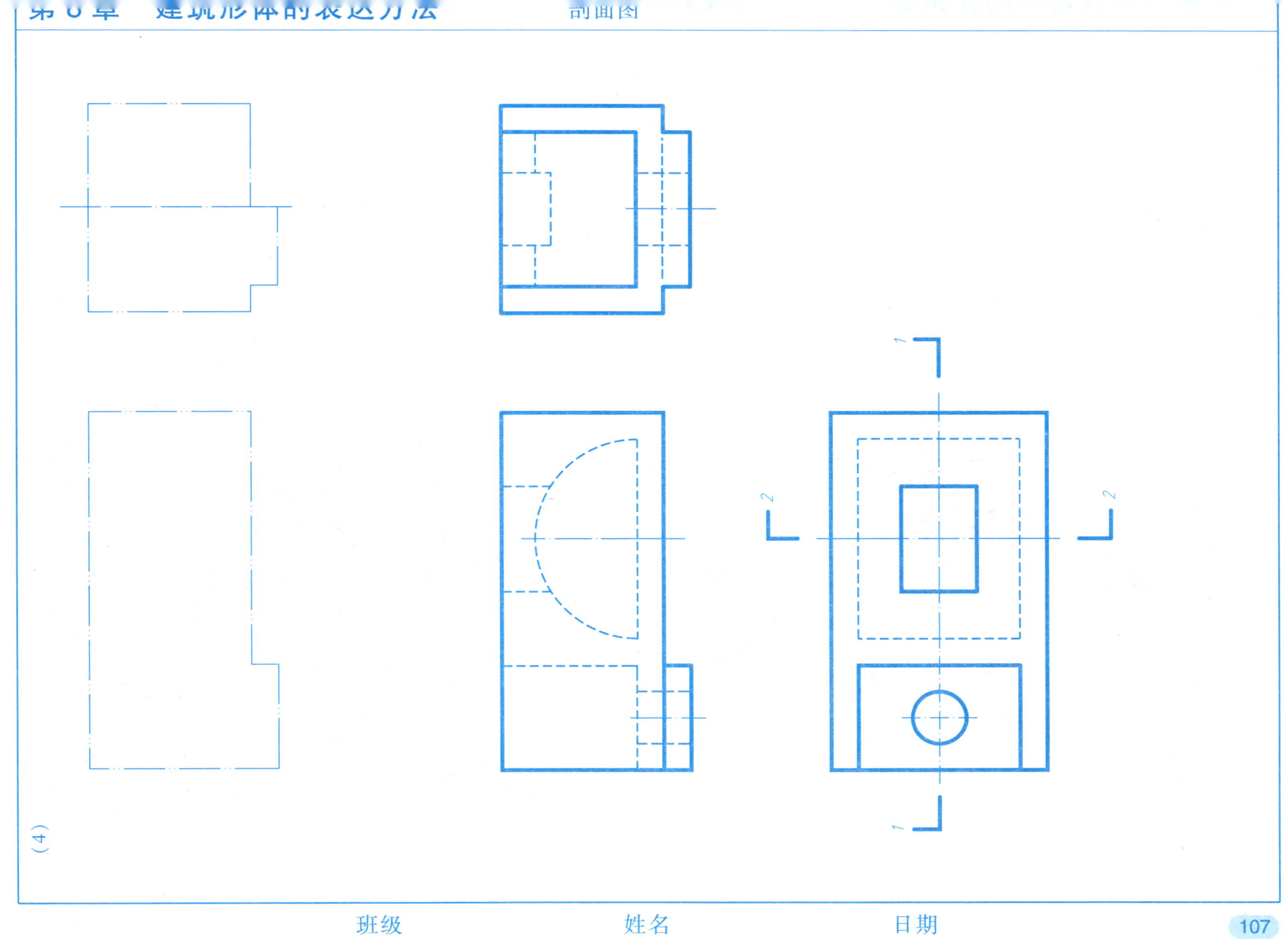
(4)
1
1
2
2

8-5 已知一个视图和一个剖面图，将左视图画成适当的剖面图。

（1）

（2）

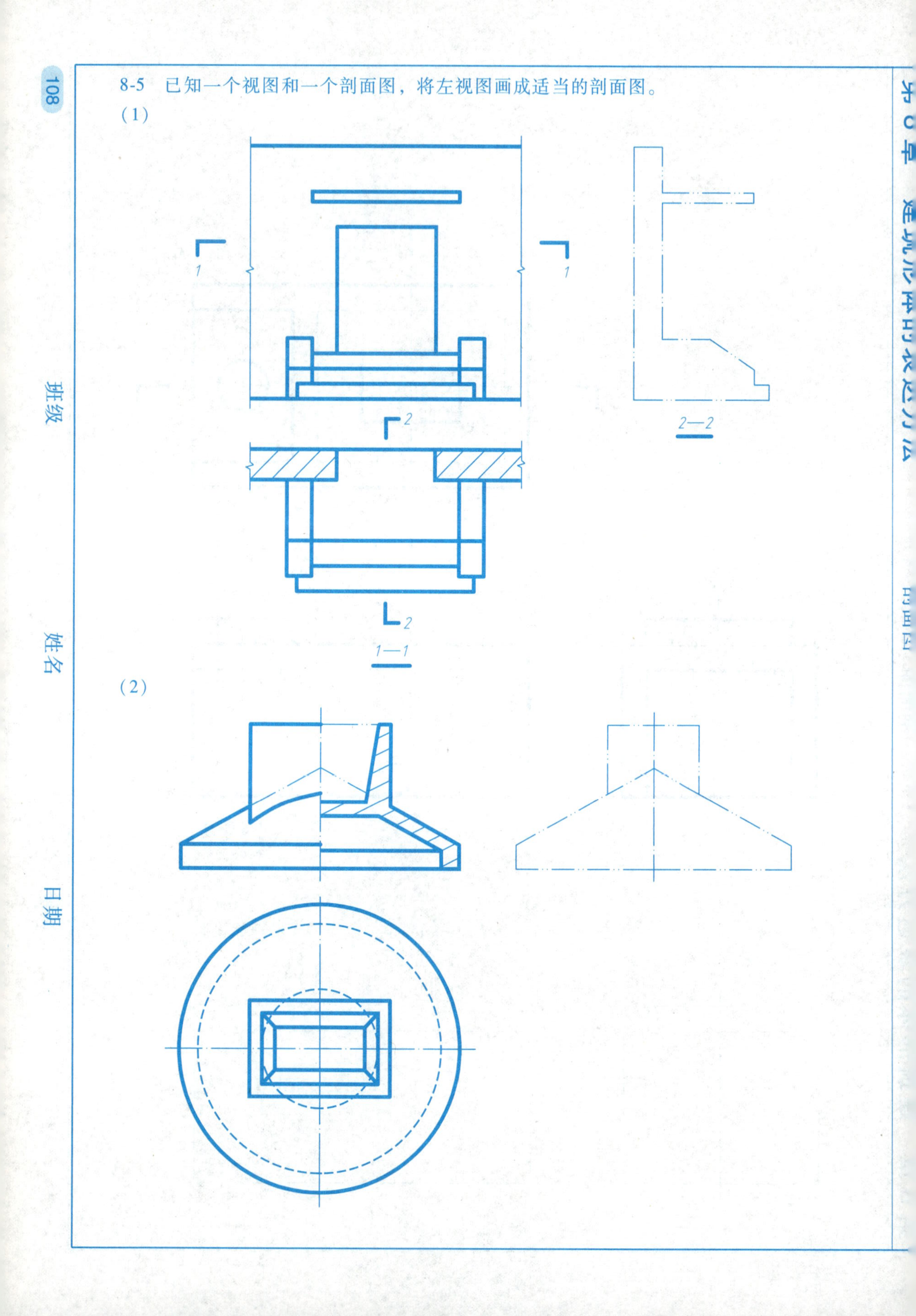

班级 姓名 日期

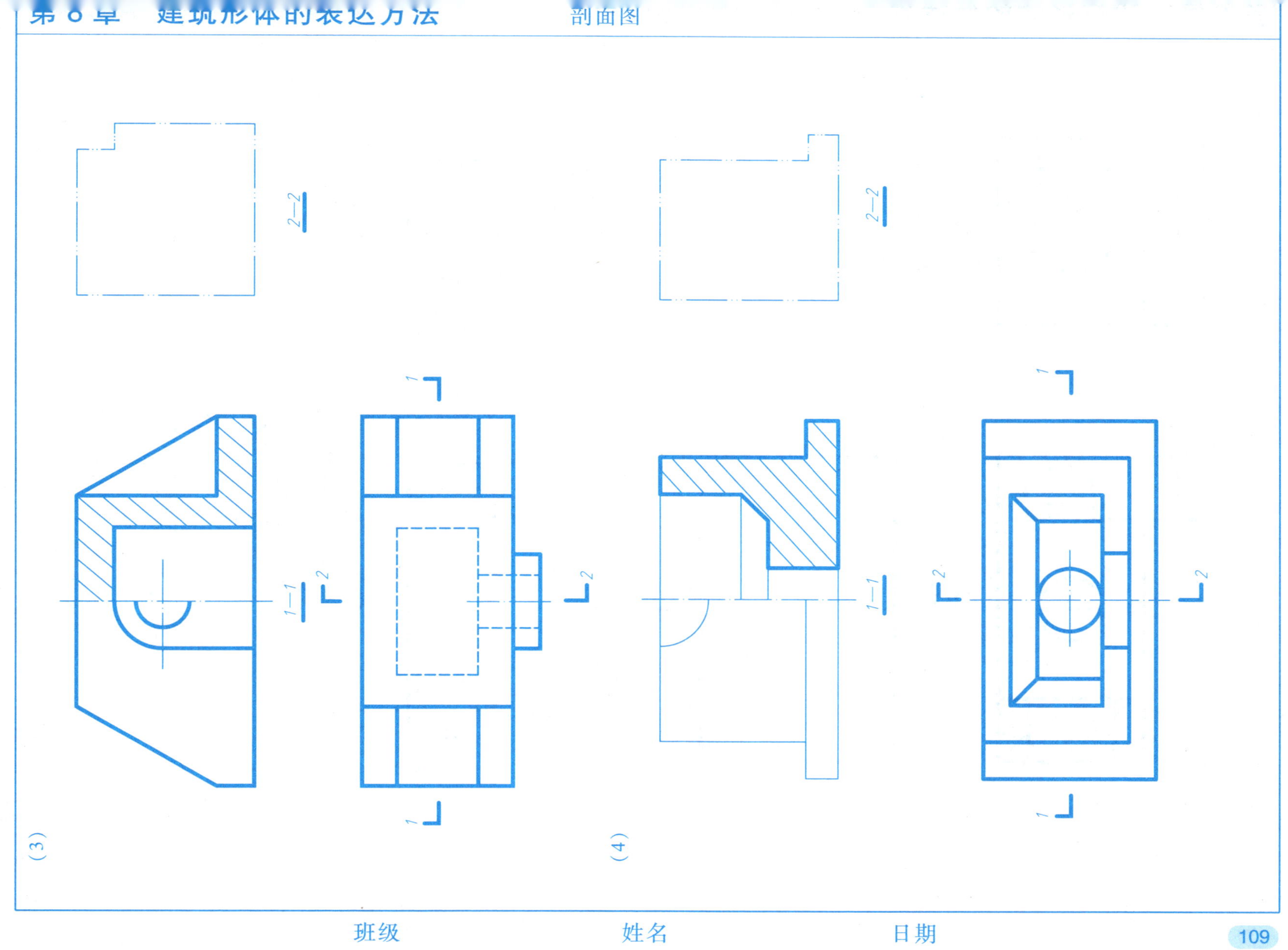

班级　　姓名　　日期

8-6　根据 1—1、2—2 剖面图画出形体的俯视图。

（1）

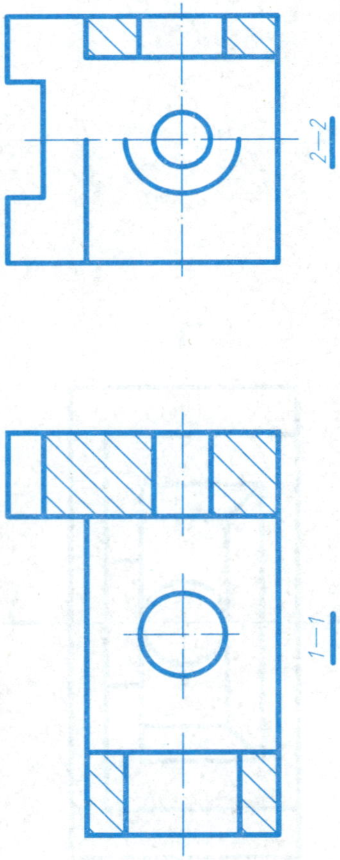

2—2

1—1

（2）

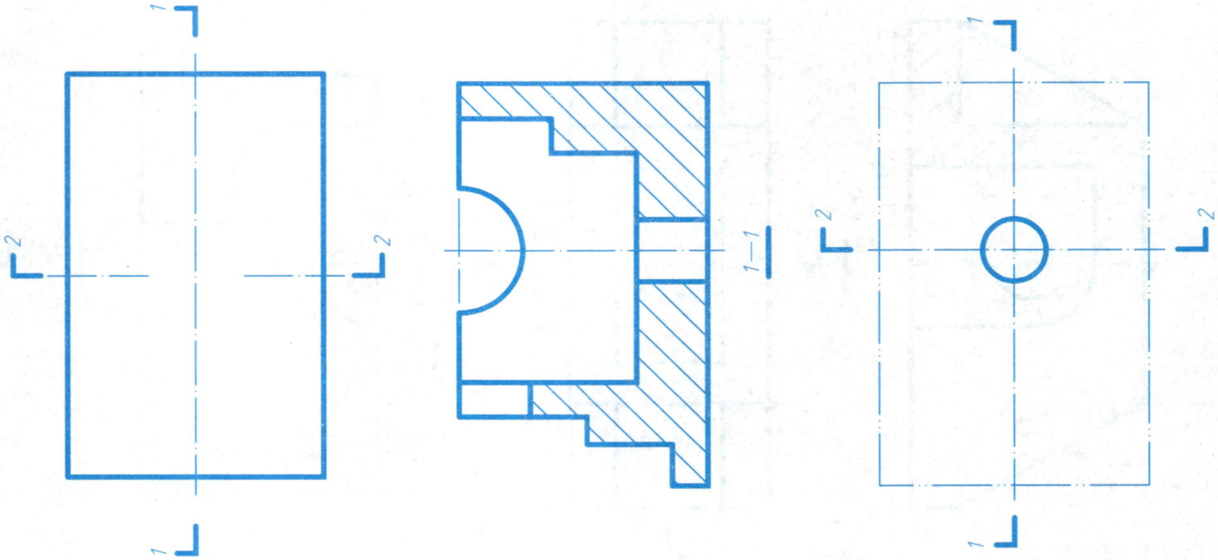

2—2

1—1

班级　　　　姓名　　　　日期

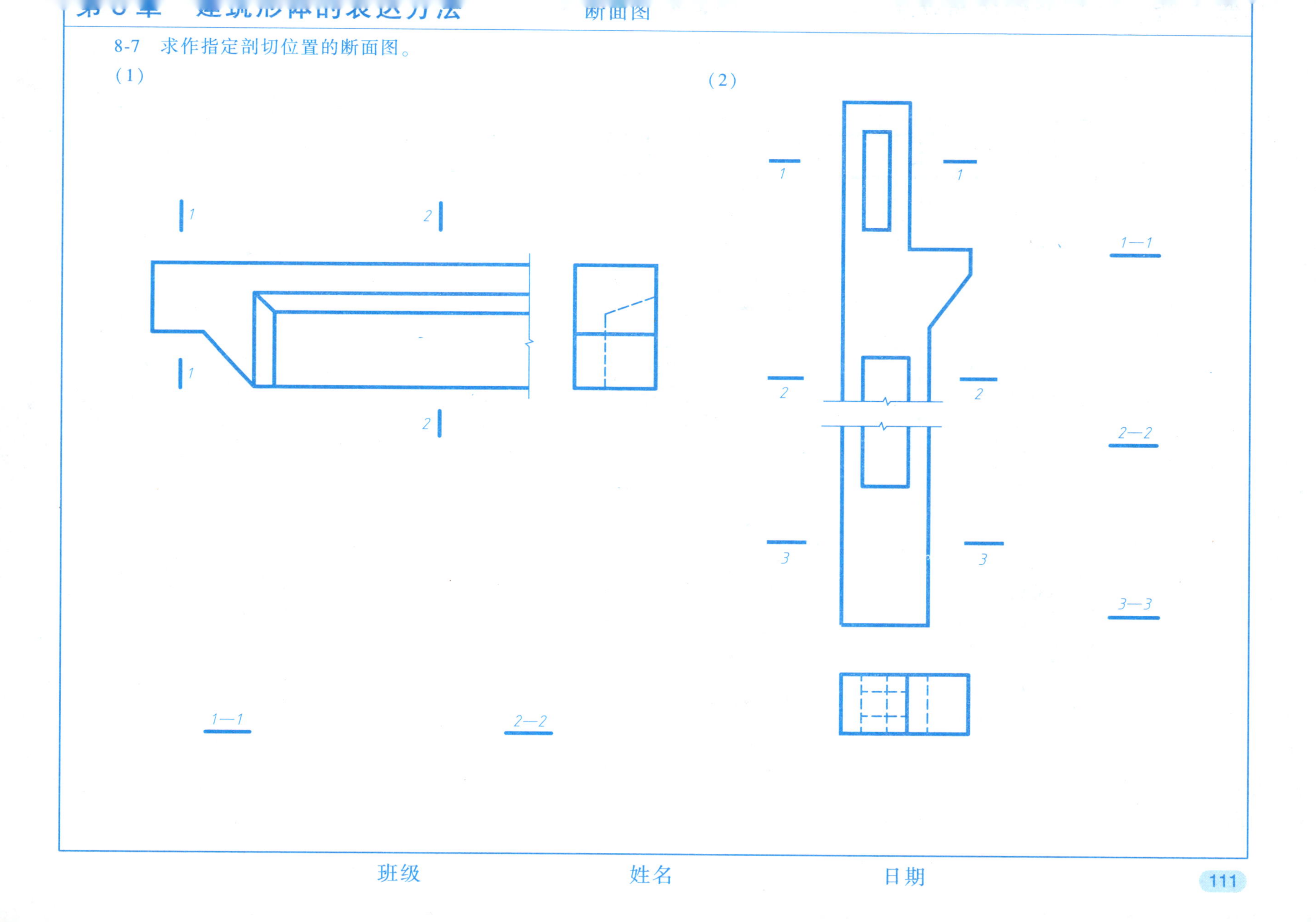
8-7 求作指定剖切位置的断面图。
(1)
1
2
1
2
1—1
2—2
(2)
1
1
2
2
3
3
1—1
2—2
3—3

8-8　求作 2—2 剖面图和 3—3、4—4 断面图。

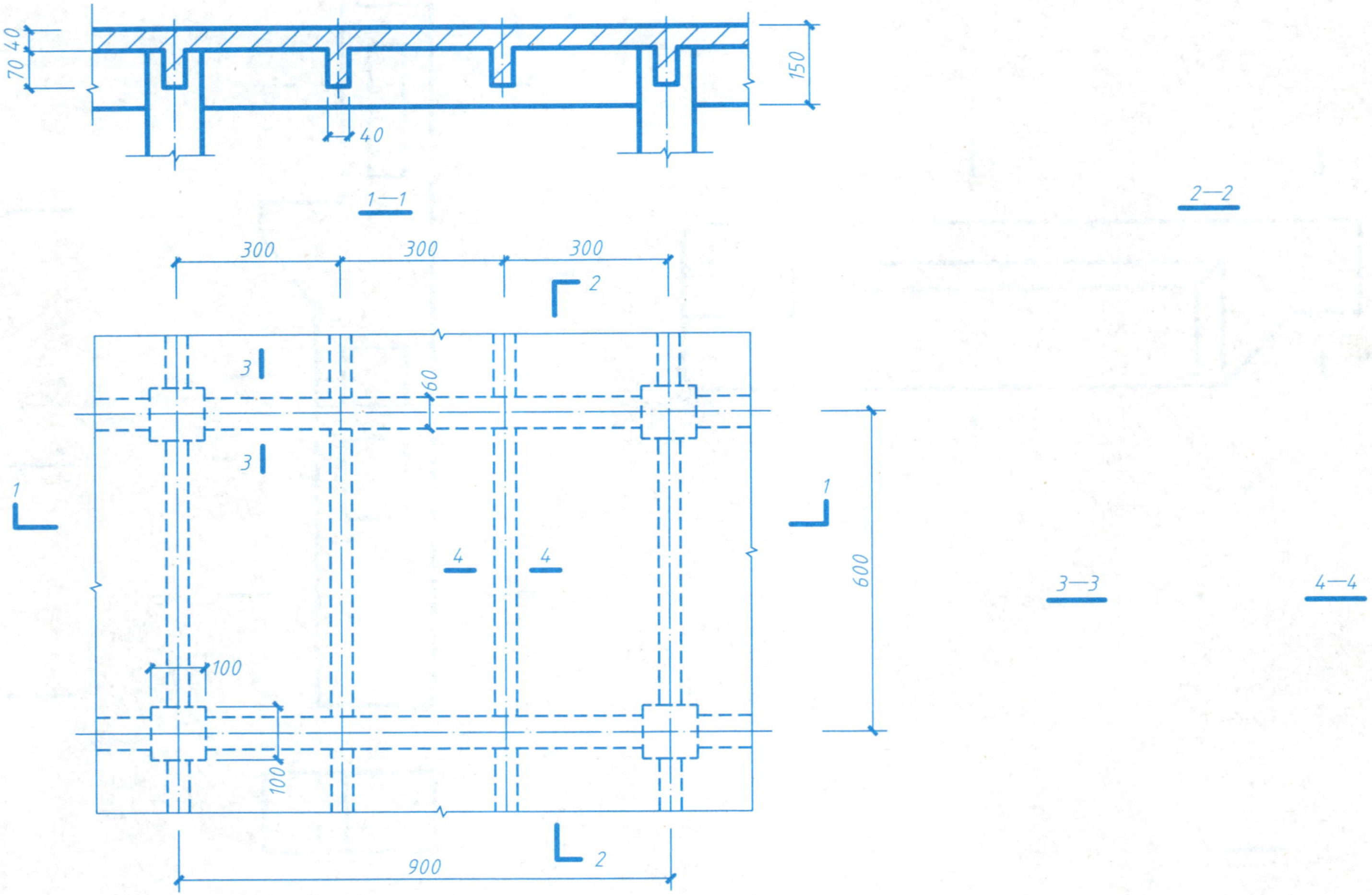

1—1

2—2

3—3

4—4

班级　　　　姓名　　　　日期

根据所给视图，将主视图改画成半剖面图，补画出全剖的左视图。

(1)

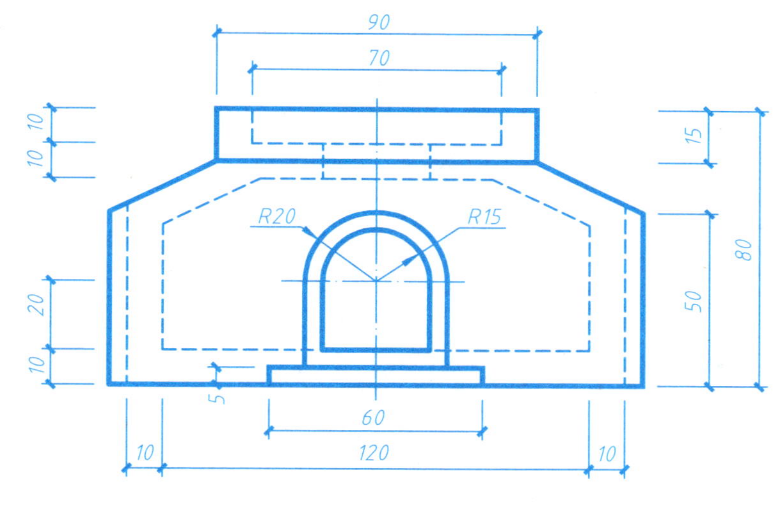

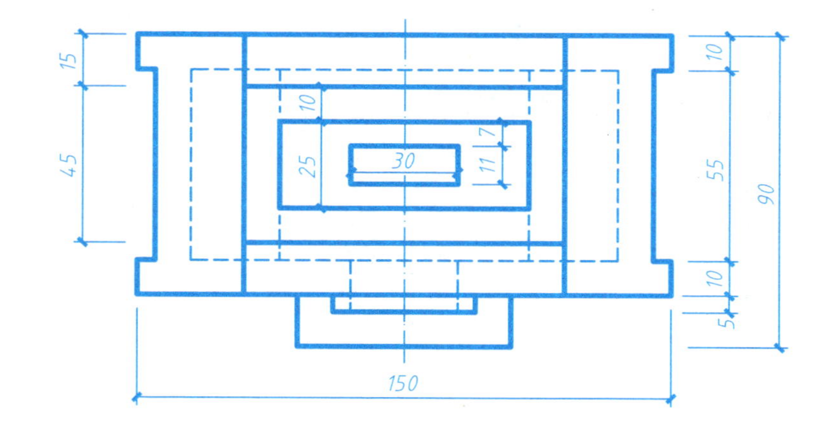

（2）根据所给视图，将主视图改画成全剖面图，补画出半剖的左视图。

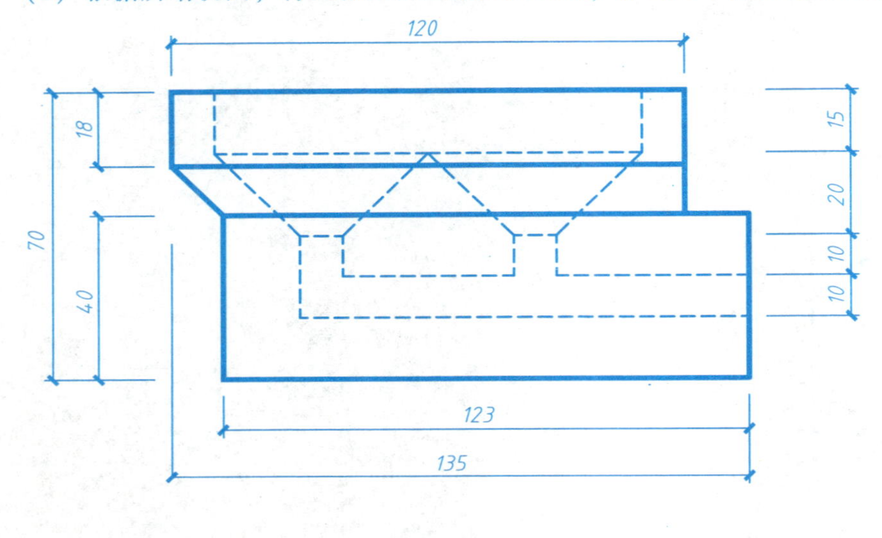

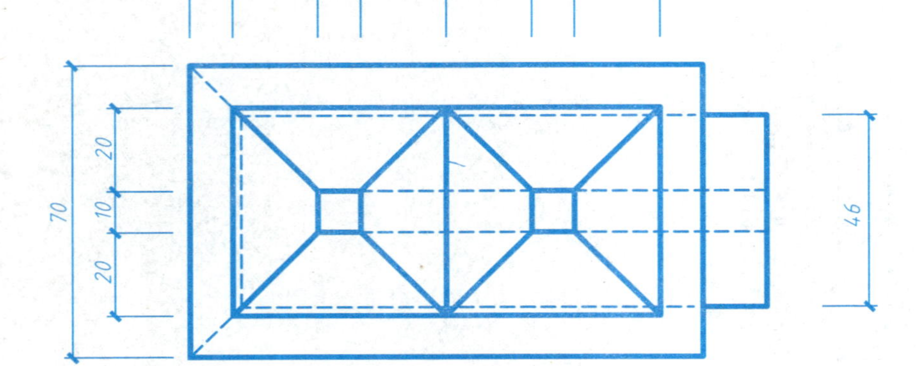

（3）根据所给视图，作出合适的剖面图。

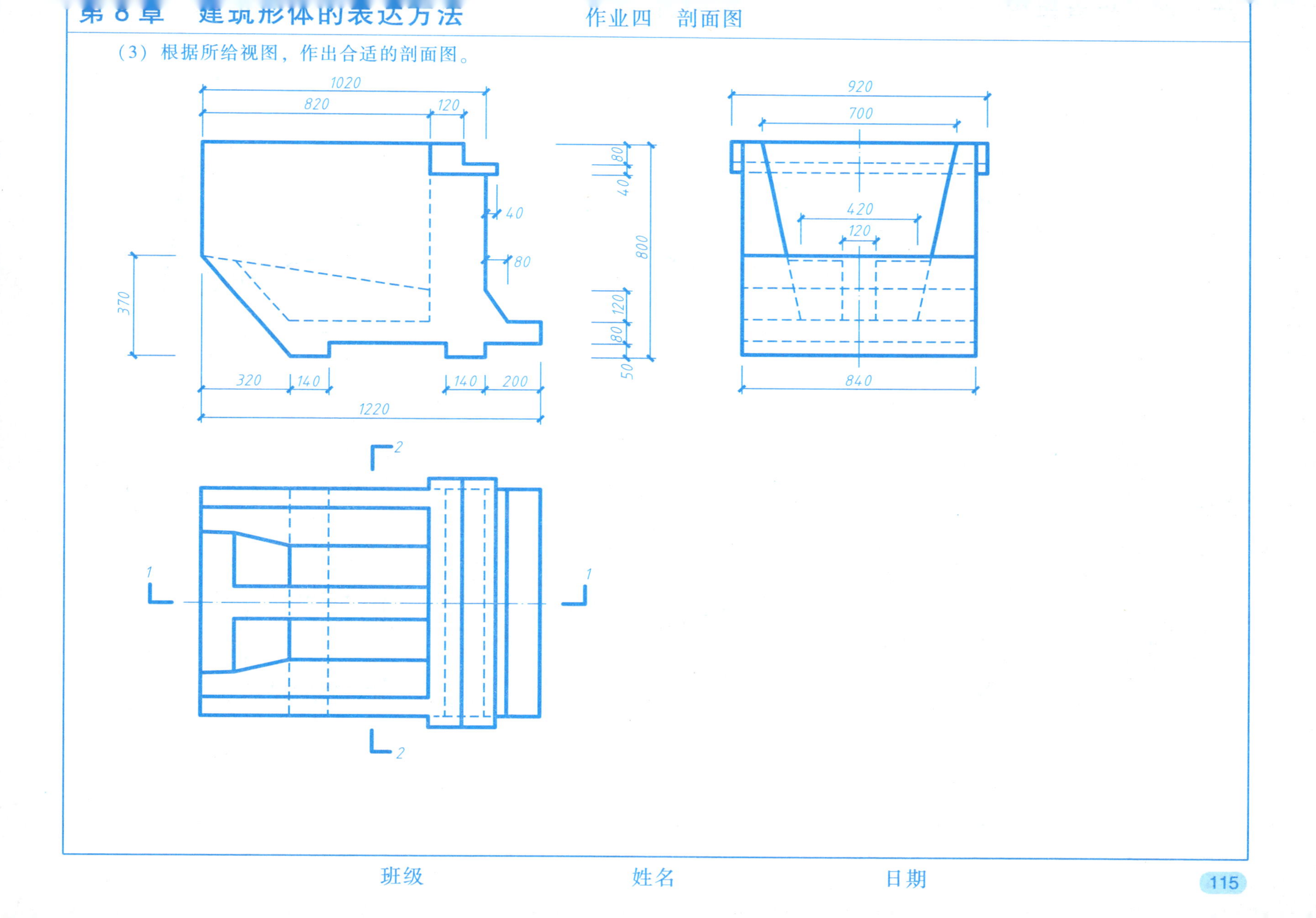

9-1　点 C、D 在 AB 直线上，点 C 距点 A 为 4 个单位，点 D 比点 B 高 2 个单位，求 C、D 两点的标高投影。

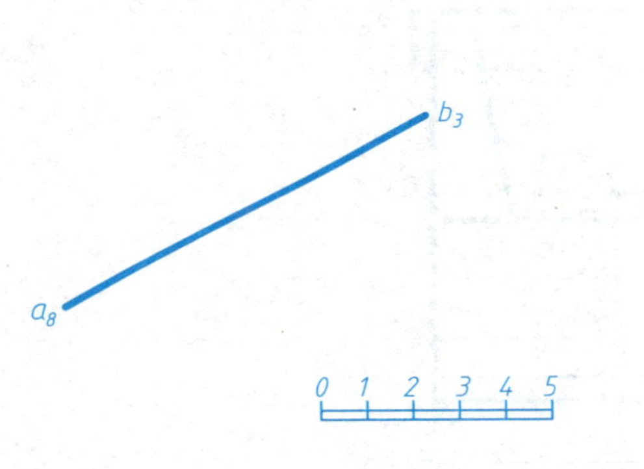

9-2　求直线 AB 的实长、倾角，并将直线加以刻度。

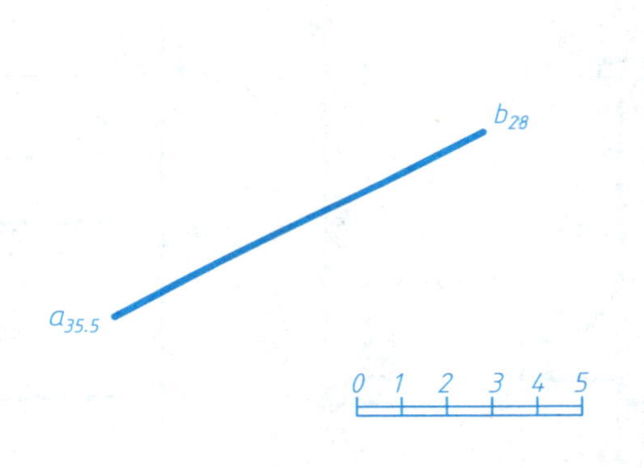

9-3　求作由三角形 ABC 给出的平面 P 的坡度比例尺，并求出平面的倾角。

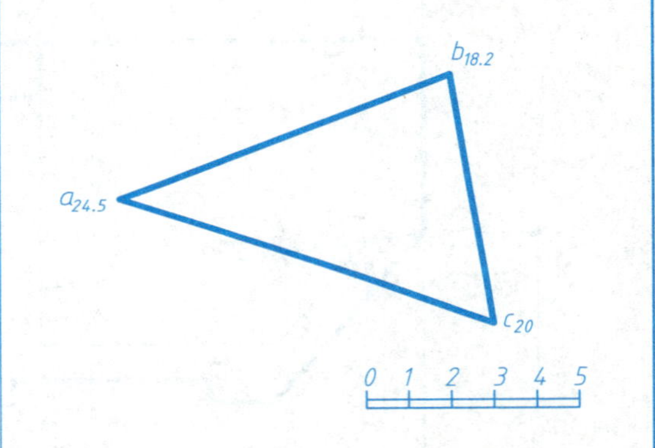

9-4　求直线 AB 与平面 P 的交点。

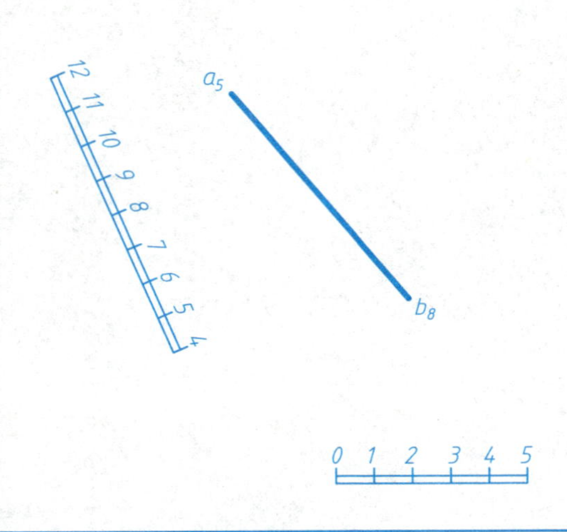

9-5　求作给定两平面的交线。

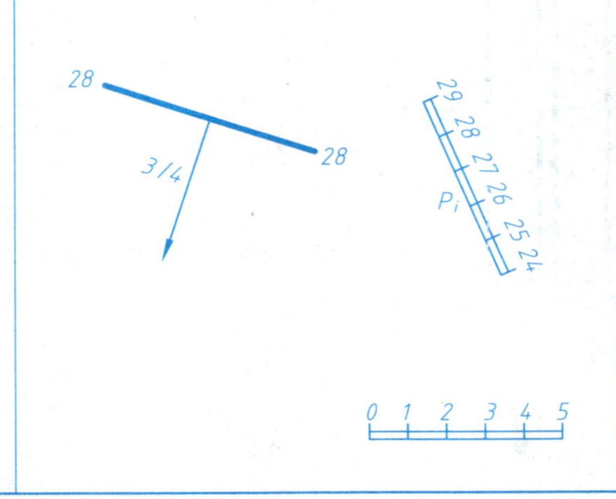

9-6　地面标高为 0、坑底标高为 -3，各边坡的坡度如图所示，求作基坑的标高投影。

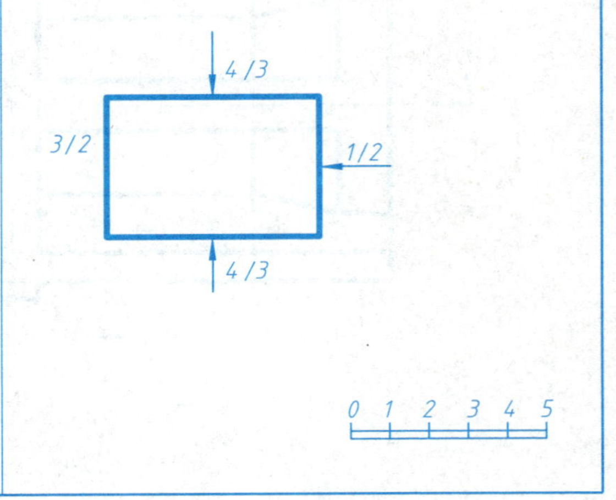

班级　　姓名　　日期

9-7　地面标高为 0，圆台顶面标高为 4，锥面坡度为 2，求作平面与锥面以及平面、锥面与地面的交线。

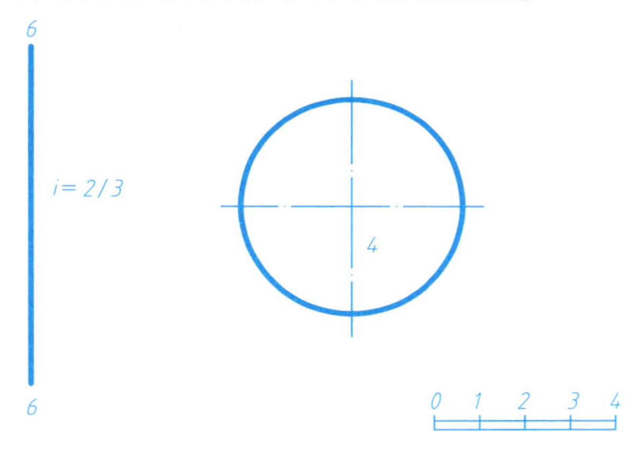

9-8　地面标高为 0，弯路面边坡 $i=2/3$，求边坡面之间以及与地面的交线。

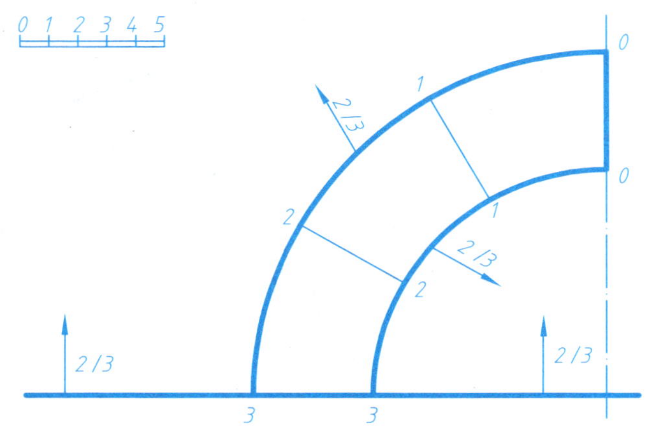

9-9　*AB* 为一地下管道，试作出管道与地面的交点 *C*、*D* 的标高投影，并在标高投影中把露出地面的 *CD* 管段画成粗实线。

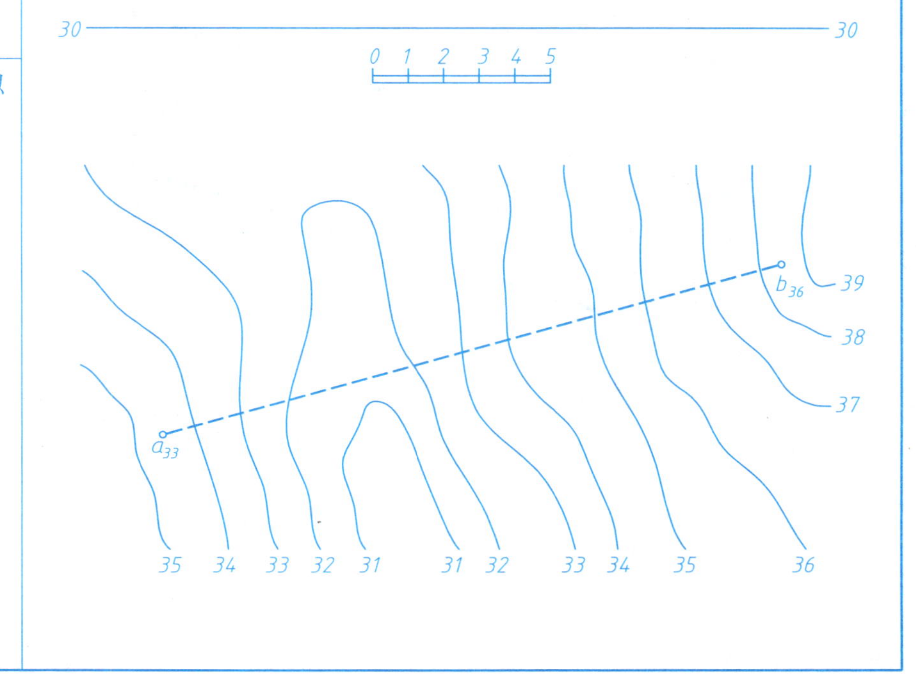

9-10 路面标高为 62，挖方坡度 $i=2/3$，求挖方、填方的边界线。

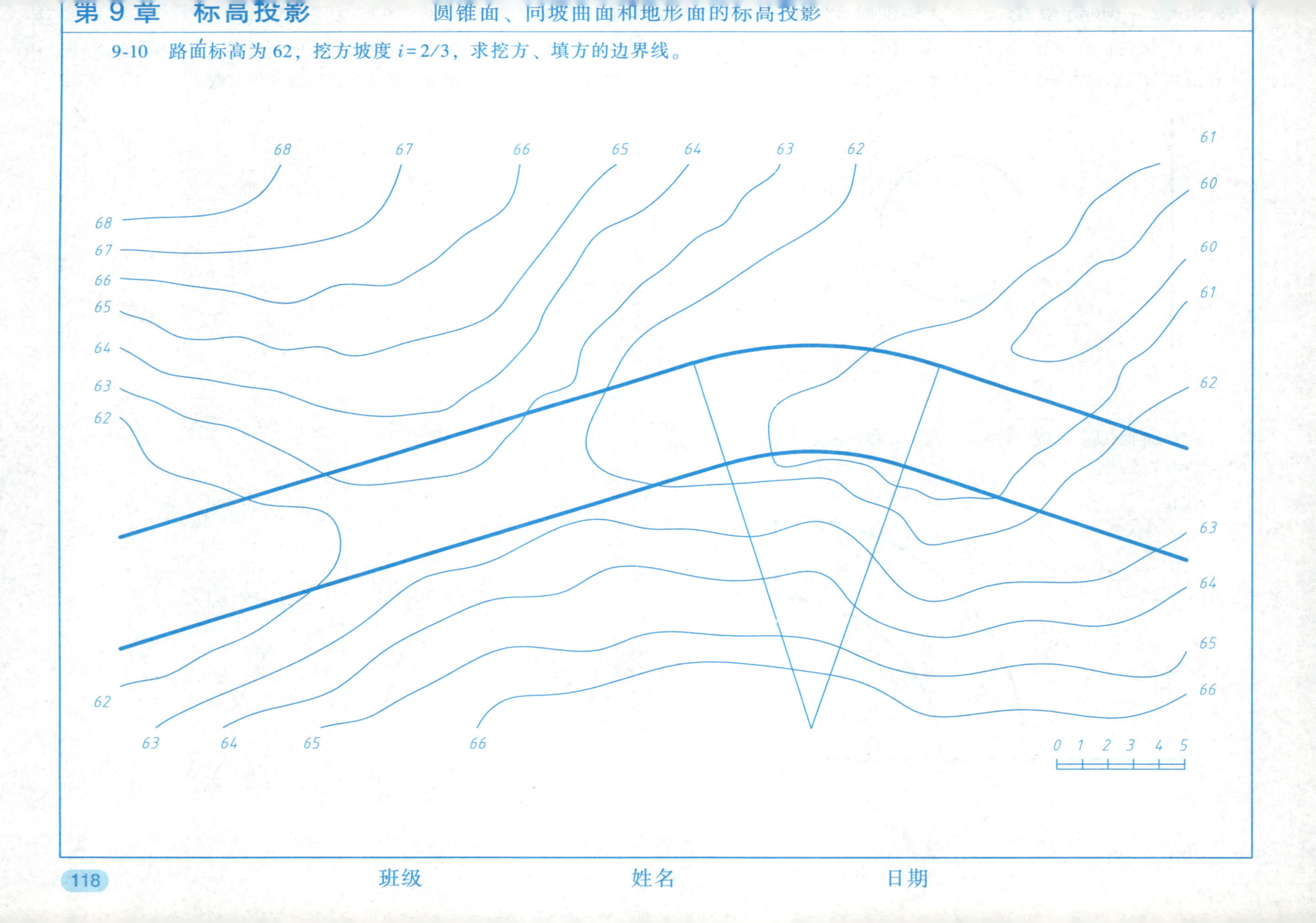

班级 姓名 日期

9-11　在山坡上建一蹄形平场地，标高为 36，挖方坡度 $i=3/2$，填方坡度 $i=1$，求挖方、填方边界线。

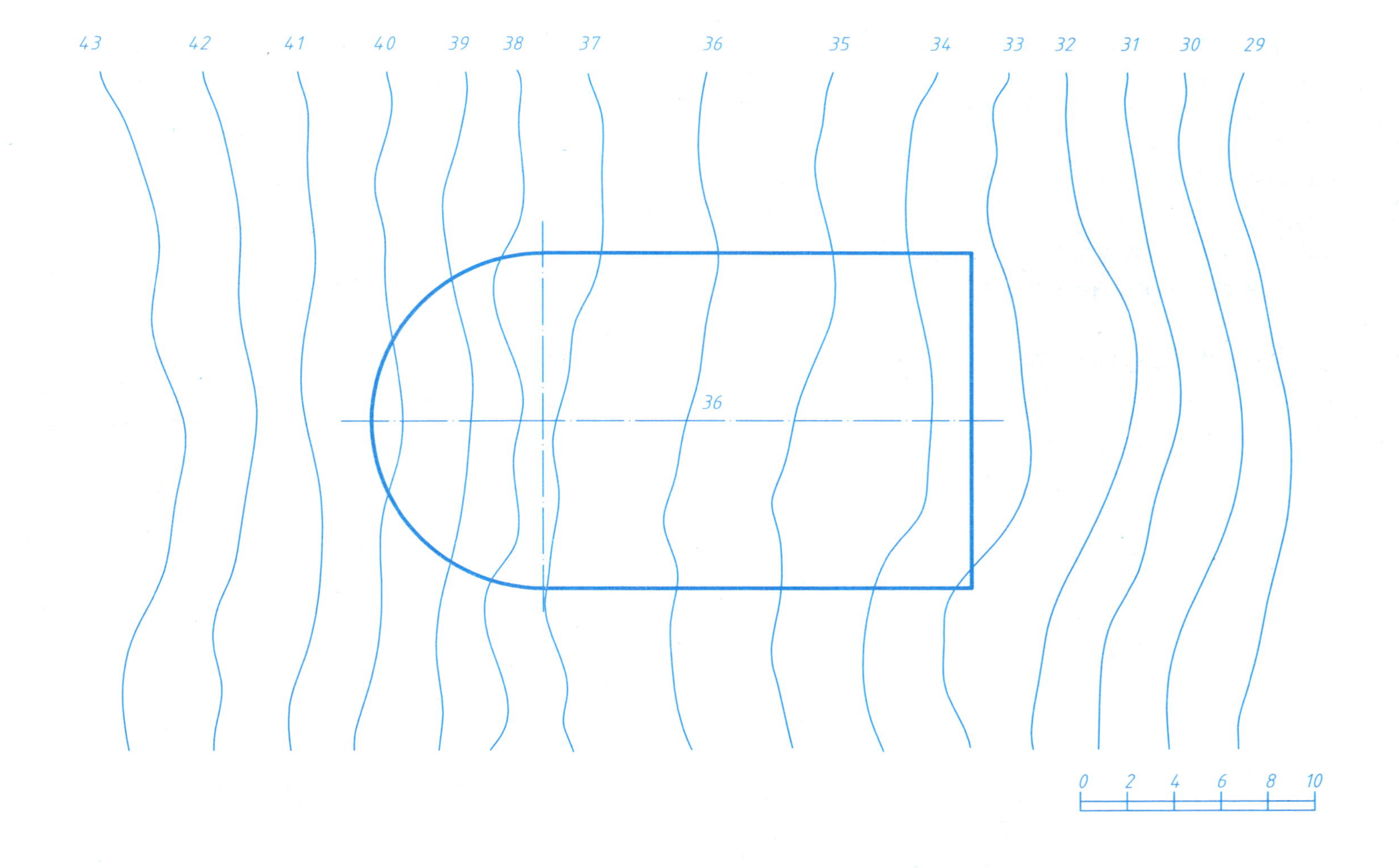

10-1　填空

1. 建筑物是指____。
   房屋建筑是指____。
   房屋建筑以外的建筑物也称为______________________________。
2. 建筑物由________体系、________体系和________体系组成。
3. 坐标网格应以细实线表示，测量坐标代号宜用________表示；自设坐标代号宜用________表示。
4. 建筑物构配件是指____。
   其中构件是指________________________________，如____________等；
   配件是指__________________________________，如____________等。
5. 建筑工程设计一般应分为________设计、________设计和________设计。
6. 按施工图内容和作用的不同，施工图设计阶段主要有________、________、________、________、________、________、________等专业文件。
7. 总平面专业施工图包括总平面图、________、________、________、________、________、________及计算书等。

11-1 已知一单层平顶房屋的平、立、剖面图及门窗表（见本页和下页）。

要求：

(1) 补全平面图中的尺寸和轴线编号，确定 1—1 剖面的位置，并画出剖切符号。

(2) 补全立面图中的标高、画出外平开窗的开启方向符号。

(3) 补全 1—1 剖面图中漏画的图线。

(4) 用 1 : 100 的比例补画 2—2 剖面图，图线层次要分明，可不标注尺寸及标高。

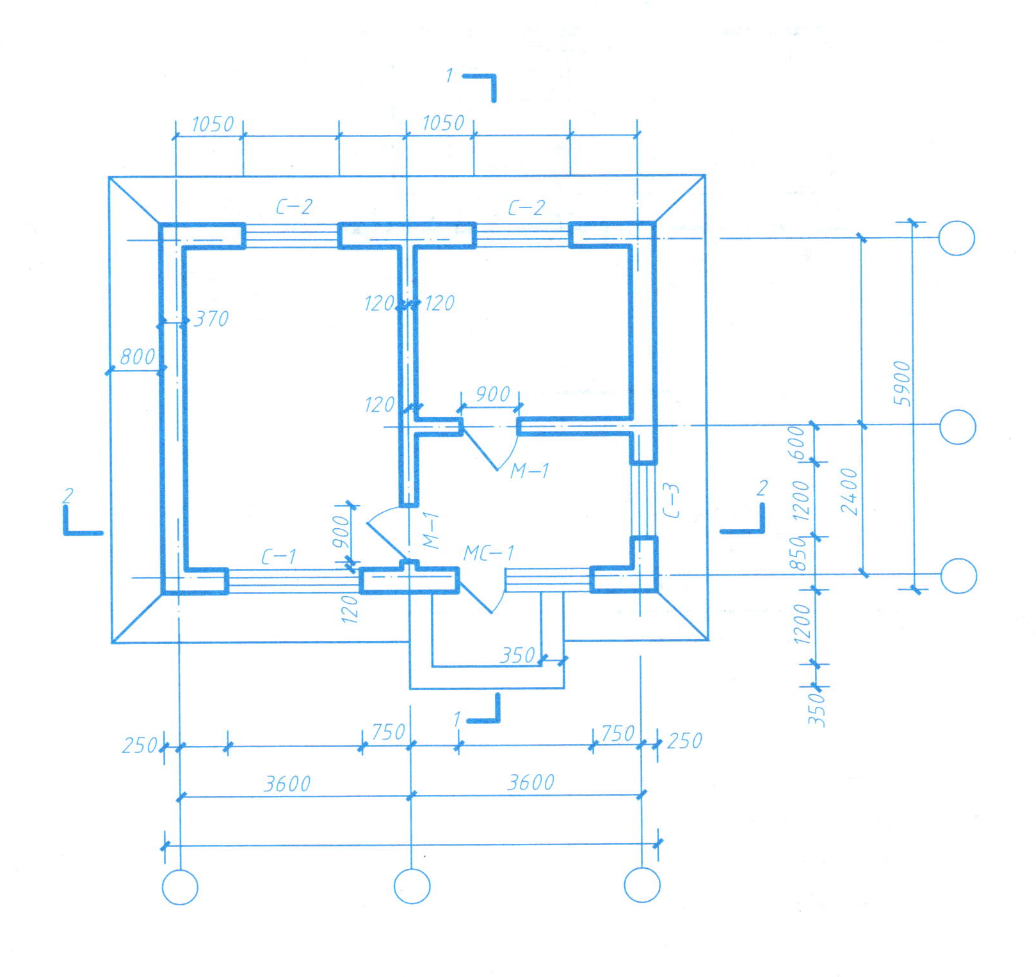

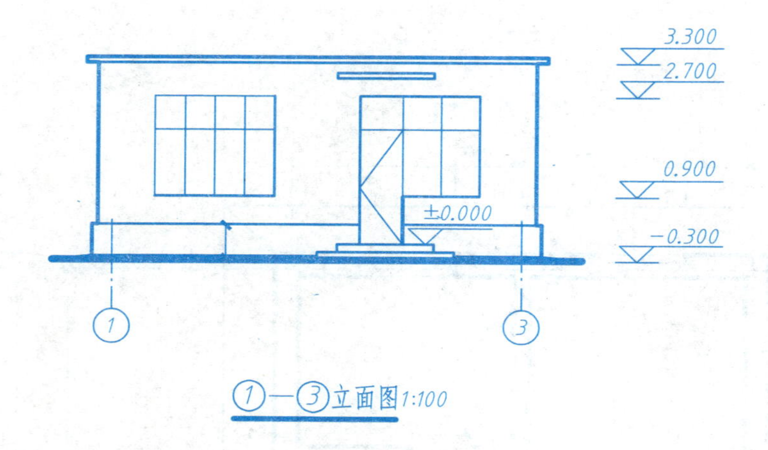

①—③立面图1:100

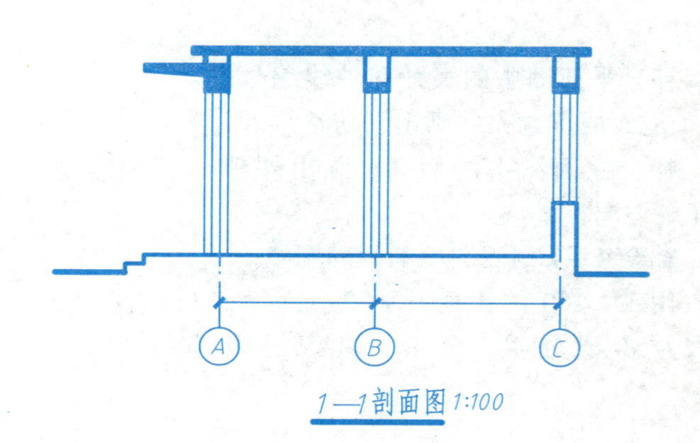

1—1剖面图1:100

门窗表

编号	洞口尺寸/mm		数量	备注
	宽	高		
MC−1	2100	2700	1	
M−1	900	2400	2	
C−1	2100	1800	1	
C−2	1500	1800	2	
C−3	1200	1800	1	

2—2剖面图1:100

班级　　姓名　　日期

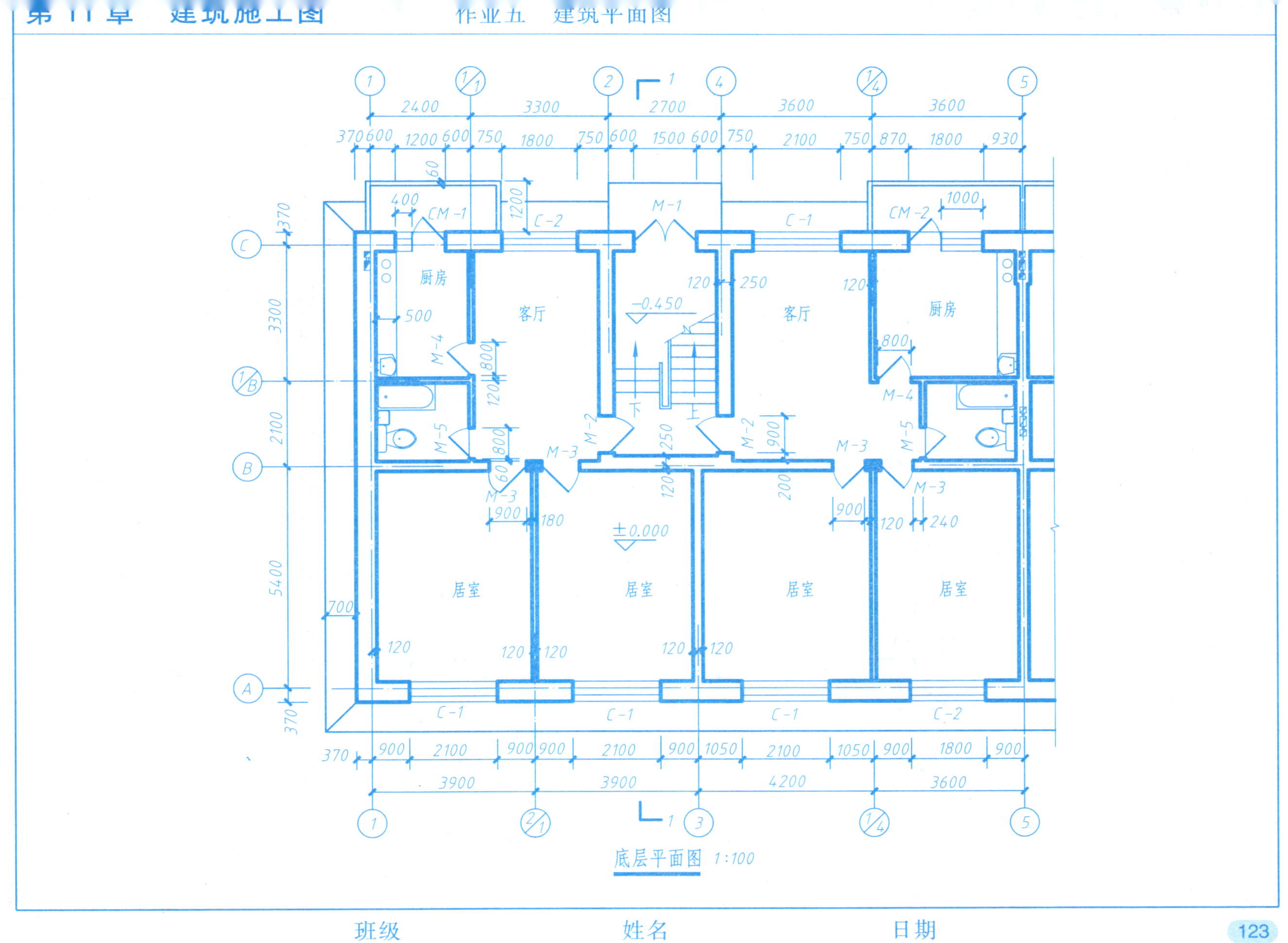

底层平面图 1:100

班级 姓名 日期

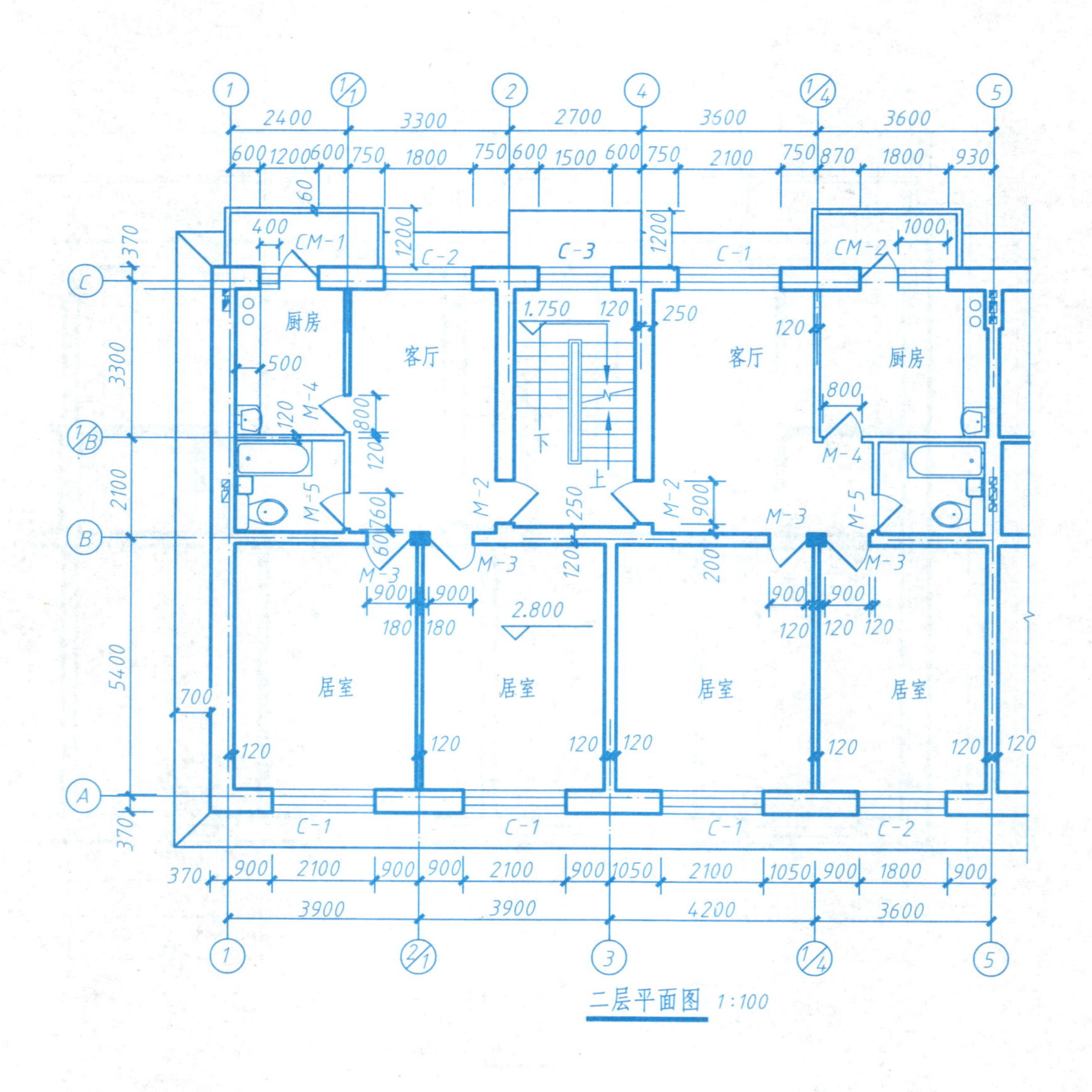

二层平面图 1:100

班级 姓名 日期

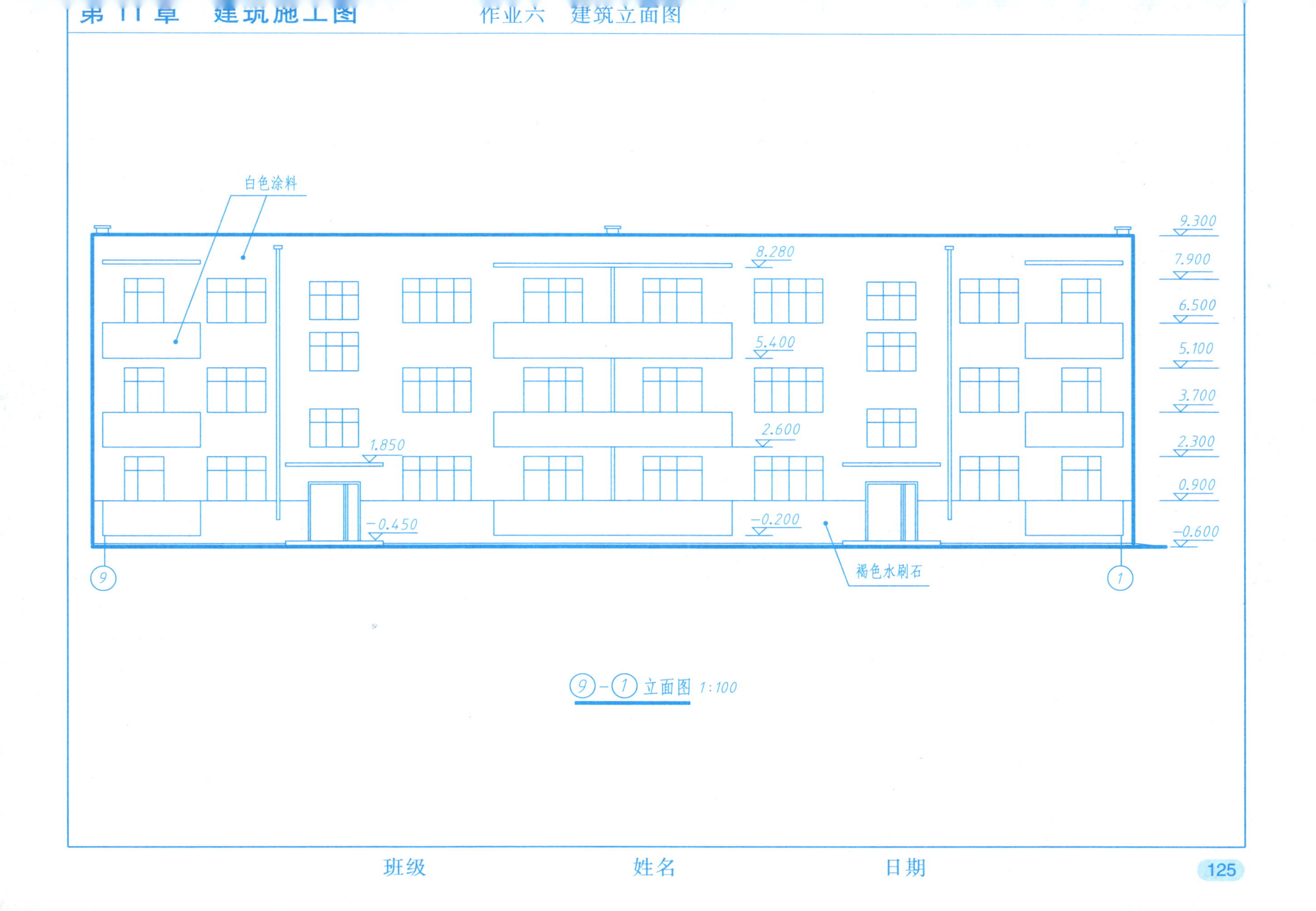
白色涂料
9.300
8.280
7.900
6.500
5.400
5.100
3.700
2.600
2.300
1.850
0.900
-0.450
-0.200
-0.600
褐色水刷石
9
1
⑨-①立面图 1:100

班级　　姓名　　日期

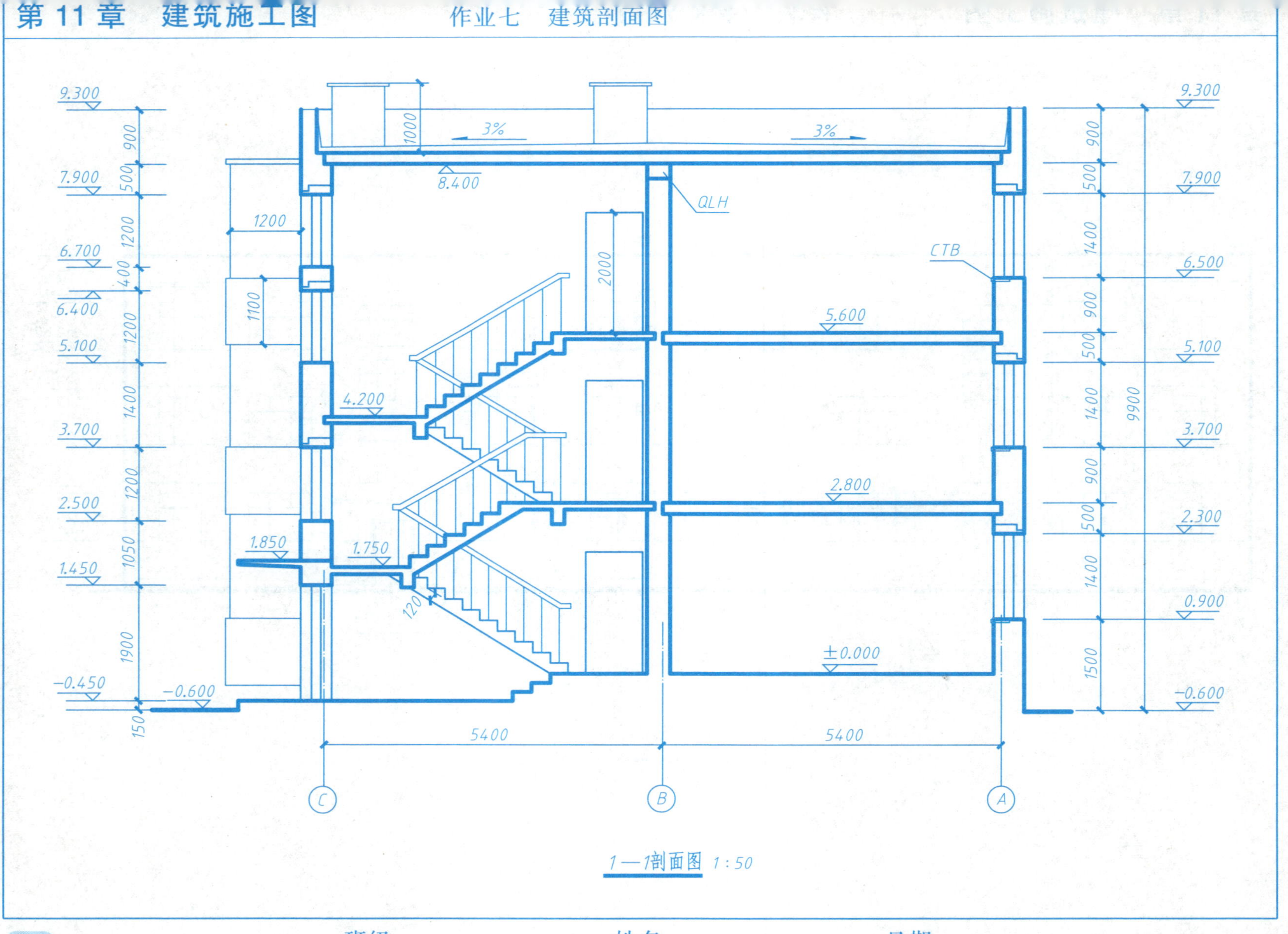

1—1剖面图 1 : 50

班级　　姓名　　日期

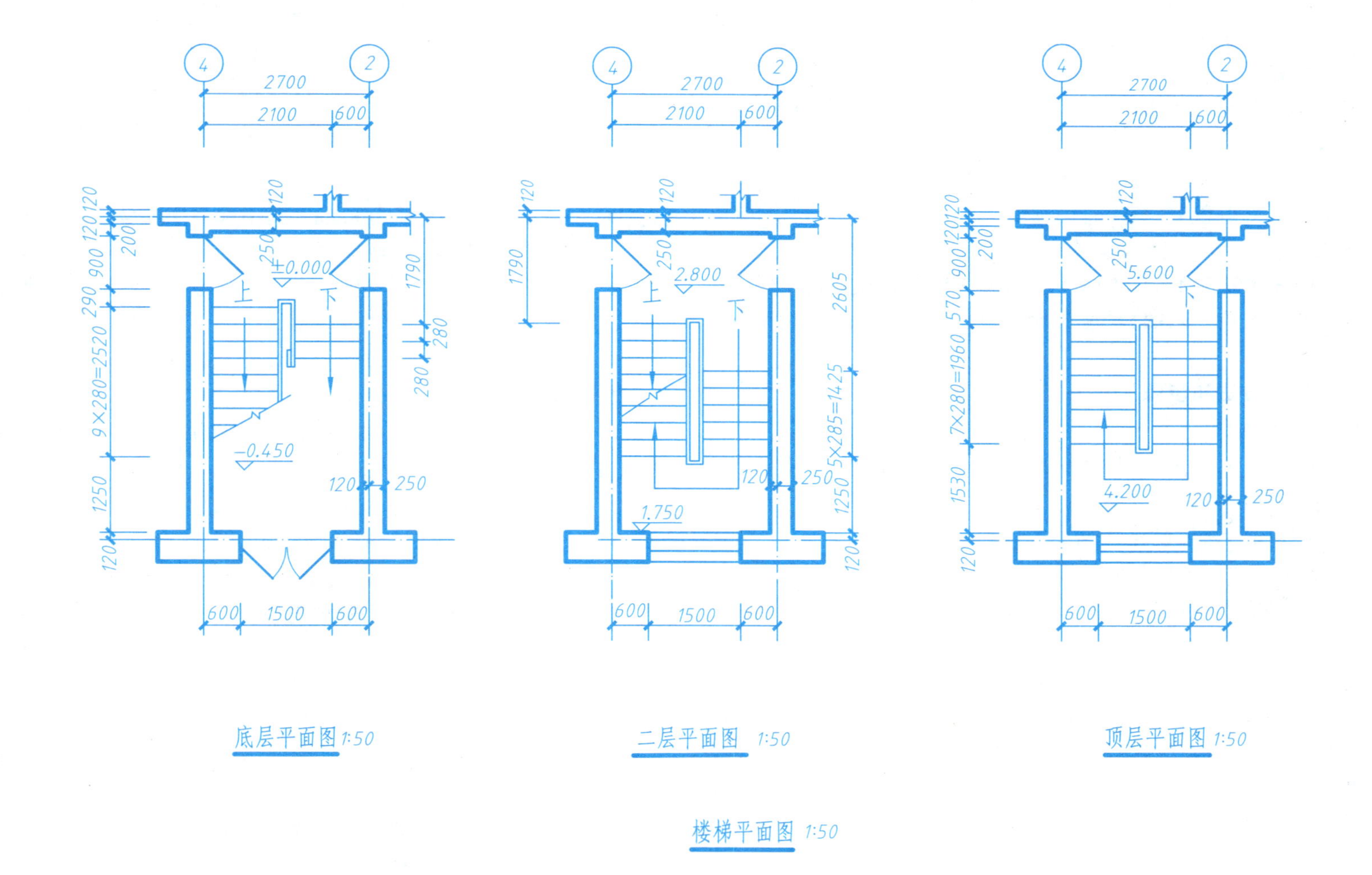
底层平面图 1:50
二层平面图 1:50
顶层平面图 1:50
±0.000
2.800
5.600
-0.450
1.750
4.200
上
下
2700
2100
600
1500
9×280=2520
5×285=1425
7×280=1960
1790
2605
1250
1530

楼梯平面图 1:50

一、目的

1. 了解一般房屋建筑平、立、剖面图的内容和表示法。

2. 学习绘制建筑平、立、剖面图的方法和步骤。

二、内容

根据作业图样中给出的单元底层平面图、立面图和 1—1 剖面图，要求：

1. 用 A3 图幅和 1∶100 的比例绘制两个单元的底层平面图。

2. 用 A3 图幅和 1∶100 的比例绘制两个单元的（有大门的一面）立面图。

3. 用 A3 图幅和 1∶50 的比例绘制 1—1 剖面图。

本作业亦可用一张 A2 图幅和 1∶100 的比例绘制上述平、立、剖面图。

三、绘图方法和步骤

1. 底层平面图

1）绘制平面图的方法和步骤参见教材第 11 章中第 4 节和图 11-14，对称的另一半也要画出。

2）楼梯间的详细尺寸（见 127 页）。

3）烟道、通风道的尺寸见图一。

4）设备图例，按实际大小近似抄绘。

5）平面图中图线线宽规定如下：

① 被剖的墙身轮廓线用粗实线（线宽 0.7mm）。

② 被剖的非承重墙身轮廓线、楼梯、台阶、散水和未剖到的可见墙身轮廓线与门开启线等用中粗线（线宽 0.5mm）。

③ 尺寸线和尺寸界线用中实线（线宽 0.35mm）。

④ 轴线用细点画线（线宽 0.18mm）。

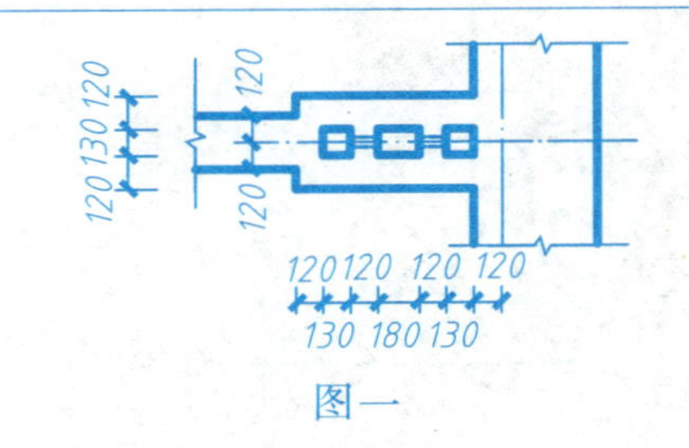

图一

6）字号：

① 轴线编号的圆直径为 8mm，其中编号用 5 号字。

② 尺寸数字用 3.5 号字。

③ 门窗编号、剖切符号及编号、表示楼梯上下行的文字等用 5 号字。

7）平面图中仅抄注外墙的三道尺寸，其他尺寸一律省略。

2. 立面图

1）立面图的绘制方法和步骤详见教材第 11 章中的第 5 节和图 11-19。

2）绘制立面图要参考作业八墙身剖面详图。

3）立面图中要画出烟道和通风道，其位置和大小要由平面图确定。

4）立面图中图线线宽层次规定如下：

① 立面图外形轮廓线（烟道、通风道外形除外）用粗实线（线宽 0.7mm）。

② 门窗洞口、檐口、阳台、台阶、通风道、烟道、勒脚等轮廓线用中粗线（线宽 0.5mm）。

③ 门窗分格线、尺寸线、尺寸界线等用中实线（线宽 0.35mm）。

④ 室外地坪线用特粗线（线宽 1.0mm）。

⑤ 轴线编号同平面图，标高数字用 3.5 号字。

3. 剖面图

1）绘制剖面图的方法和步骤详见教材第11章中的第4节和图11-14。

2）1—1剖面图的剖切位置由平面图中给出。教师也可指定其他位置作剖面图。

3）绘制剖面图时，要参考平面图、立面图、楼梯平面图和墙身详图中的有关尺寸。

4）图线线宽的层次和字号同平面图。

5）剖面图中可不画材料图例。

四、注意事项

1）本次作业内容较多，画图时必须认真阅读教材中有关部分，弄清各图中的内容，在表示方法、尺寸标注上都有哪些规定。

2）图中有些细部，因无详图可按比例近似画出。

3）填写标题栏：

① 图名　底层平面图

② 图号　05

③ 比例　1∶100

④ 图名　立面图

⑤ 图号　06

⑥ 比例　1∶100

⑦ 图名　1—1剖面图

⑧ 图号　07

⑨ 比例　1∶50

班级　　姓名　　日期

11-2 根据本书123页的平面图，在本页完成1—1楼梯剖面图。

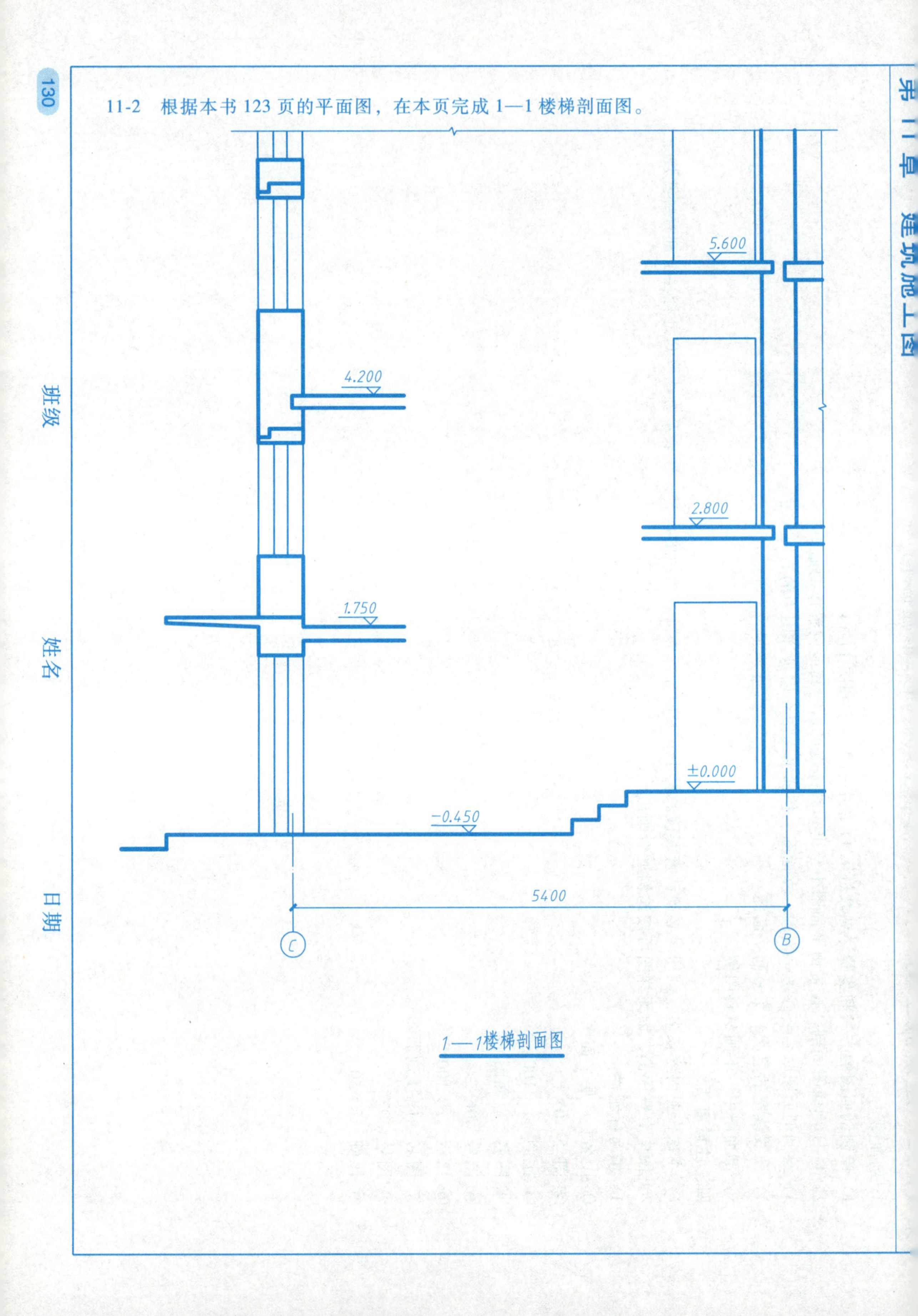

1—1楼梯剖面图

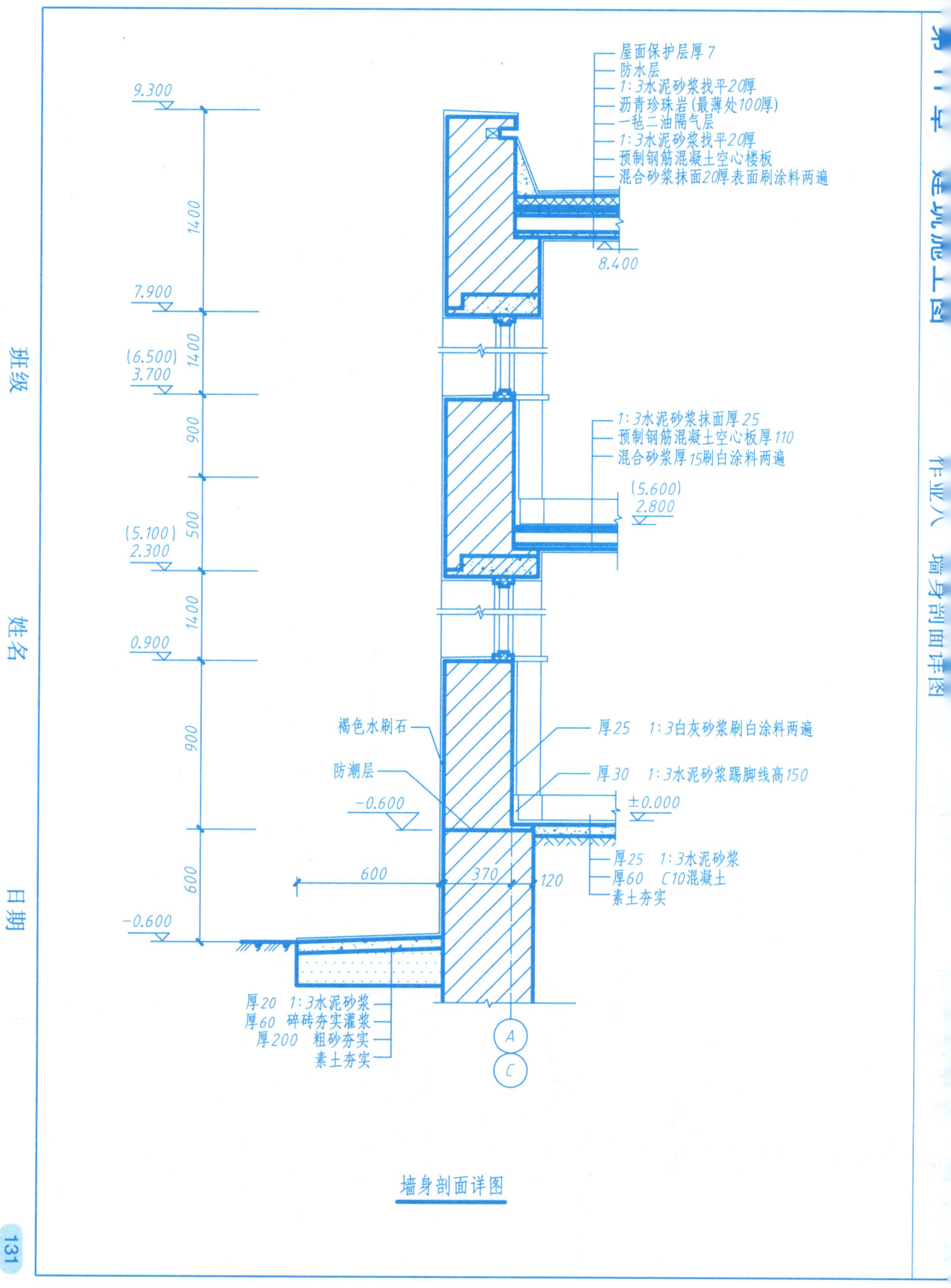
屋面保护层厚7
防水层
1:3水泥砂浆找平20厚
沥青珍珠岩(最薄处100厚)
一毡二油隔气层
1:3水泥砂浆找平20厚
预制钢筋混凝土空心楼板
混合砂浆抹面20厚表面刷涂料两遍
8.400
1:3水泥砂浆抹面厚25
预制钢筋混凝土空心板厚110
混合砂浆厚15刷白涂料两遍
(5.600)
2.800
褐色水刷石
防潮层
-0.600
厚25　1:3白灰砂浆刷白涂料两遍
厚30　1:3水泥砂浆踢脚线高150
±0.000
厚25　1:3水泥砂浆
厚60　C10混凝土
素土夯实
600
370
120
厚20　1:3水泥砂浆
厚60　碎砖夯实灌浆
厚200　粗砂夯实
素土夯实
A
C
9.300
1400
7.900
1400
(6.500)
3.700
900
500
(5.100)
2.300
1400
0.900
900
600
-0.600

墙身剖面详图

一、目的

1. 了解墙身的表达方法。

2. 熟悉墙身详图表示的内容。

3. 学习绘图技巧。

二、内容

根据作业图样用 1∶20 的比例抄绘在一张 A3 纸上（铅笔图），然后用描图纸描一张墨线图。

三、注意事项

1. 图线层次

1）被剖切的主要部分轮廓线，如墙身、楼板、过梁、屋面板、地面等用粗实线（0.7mm）。

2）被剖切的次要部分和其他可见构件的轮廓线用中实线（0.35mm）。

3）尺寸线、尺寸界线、引出线等用细实线（0.18mm）。

2. 字号

1）尺寸数字用 3.5 号字。

2）轴线编号、多层次构造材料说明文字用 5 号字。

3）索引符号的圆圈用细实线，直径为 10mm，编号用 3.5 号字。

4）详图符号的圆圈用粗实线，直径为 14mm。

3. 图中未注尺寸的细部，可按比例近似画出。

4. 填写标题栏

1）图名　墙身详图

2）图号　08

3）比例　1∶20

12-1　已知条件：标高±0.000 以下房屋基础轴测剖面图。

（1）用 1∶60 的比例画出基础平面图。（2）用 1∶30 的比例画出两个位置的基础详图。（3）尺寸数字用 3.5 号字，轴线编号用 5 号字。

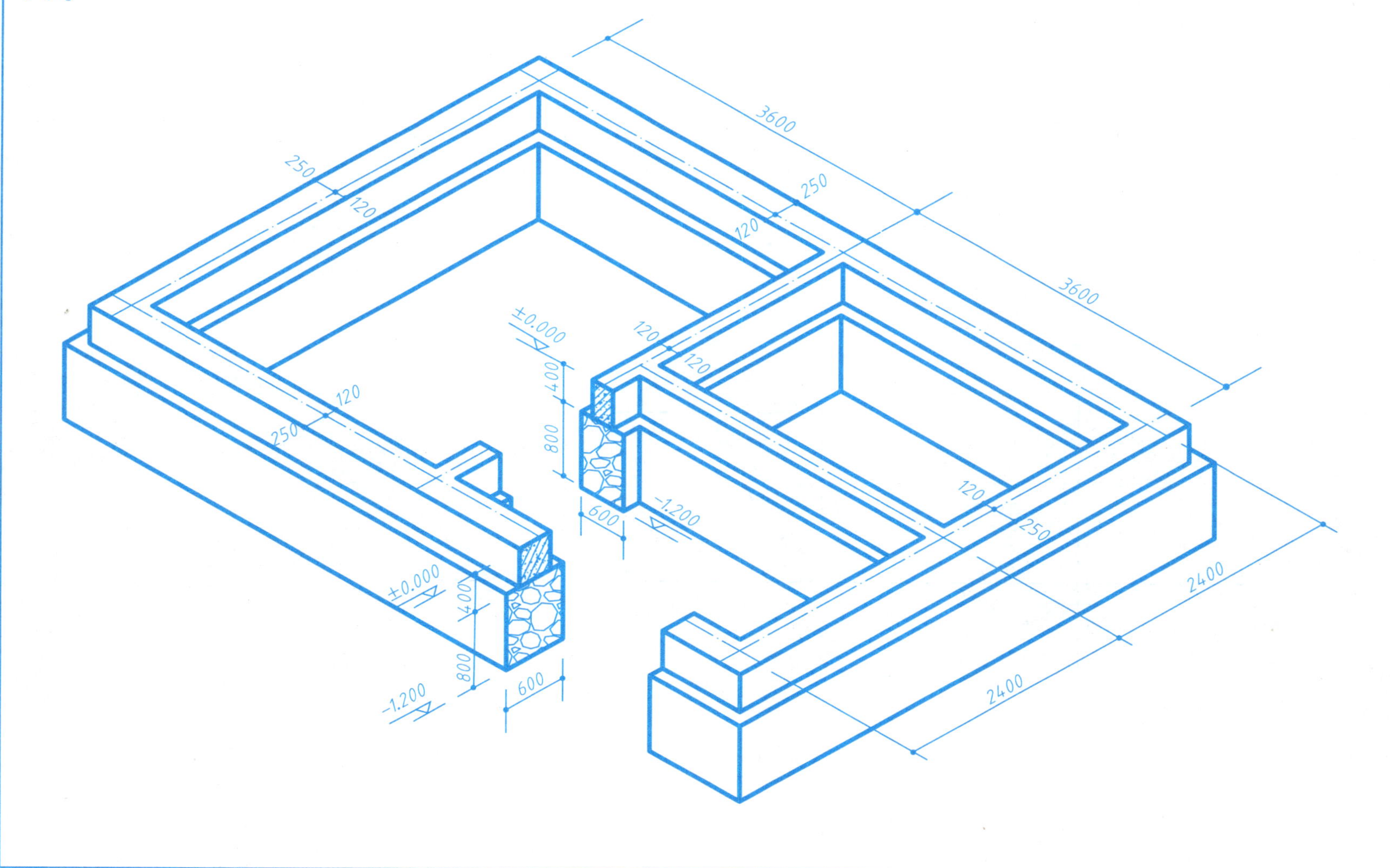

班级　　姓名　　日期

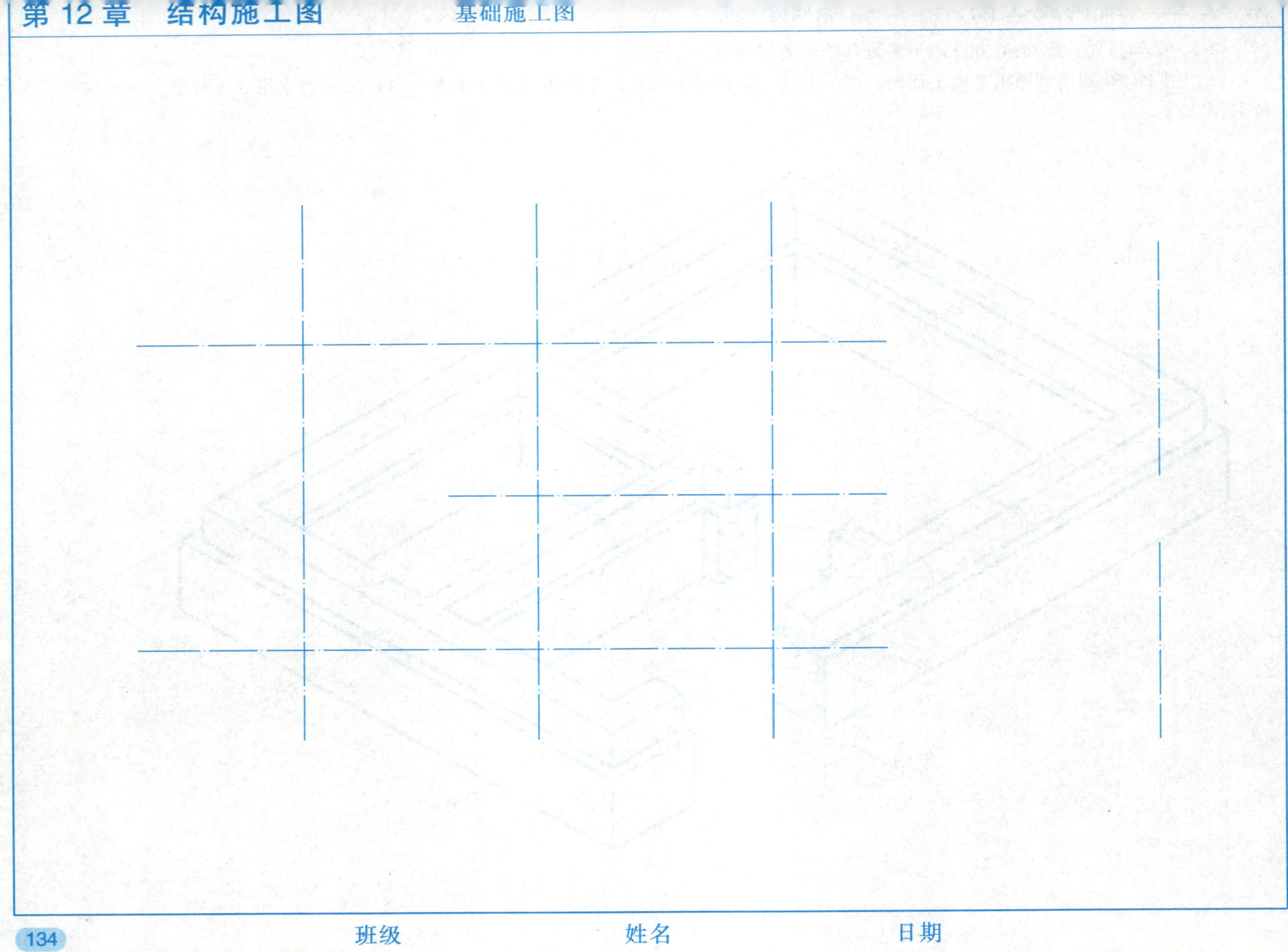

班级　　　　姓名　　　　日期

12-2 在一对钢筋混凝土连续板的断面图和平面图中画出其配筋图，板中的部分上下纵向分布筋如下图所示，上下横向分布筋均为Φ6@200。

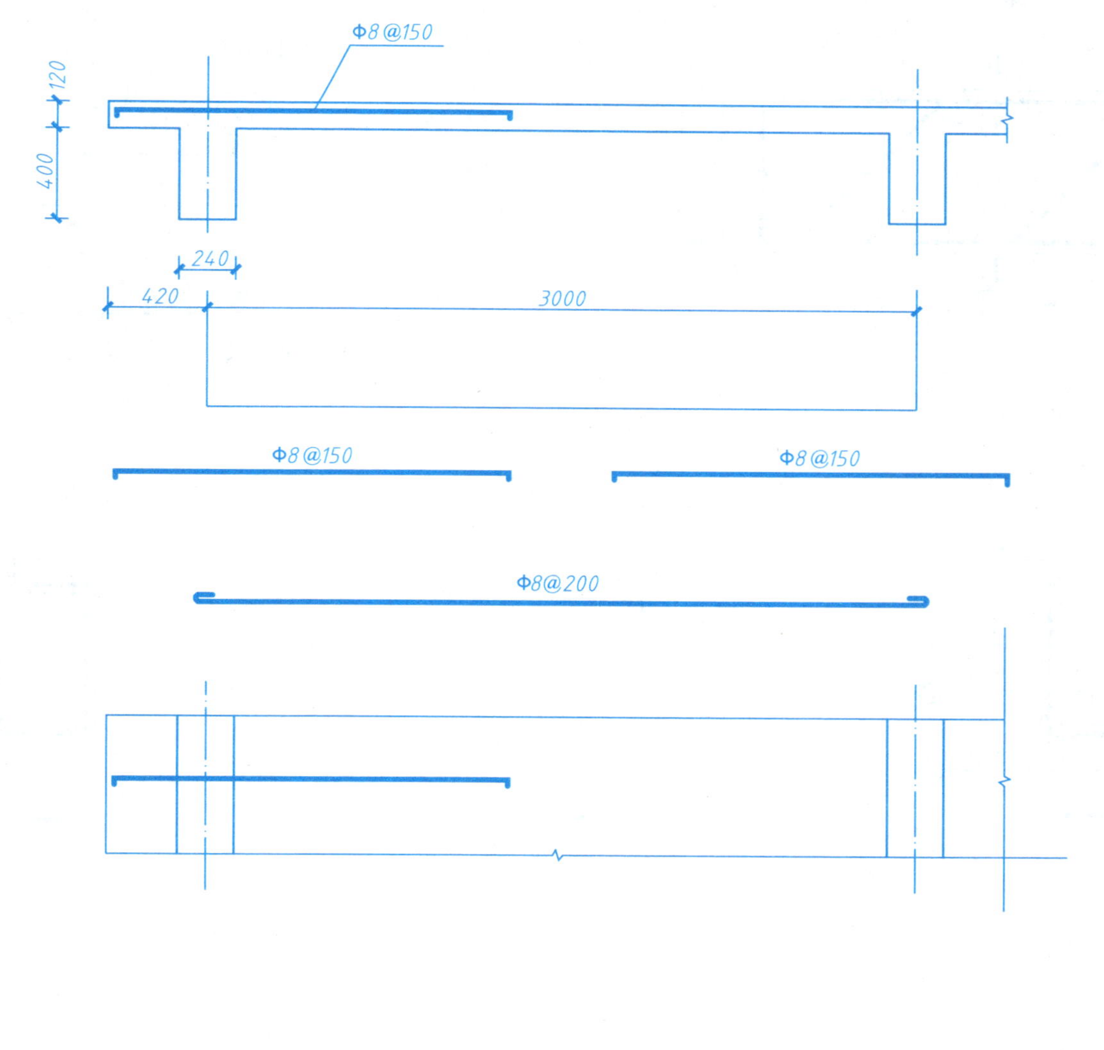

班级 姓名 日期

12-3　已知某钢筋混凝土简支梁的立面图及 1—1 和 3—3 断面图。按与图示相同的比例完成钢筋混凝土简支梁 2—2 断面图，并注明钢筋编号，同时用仿宋体填空。

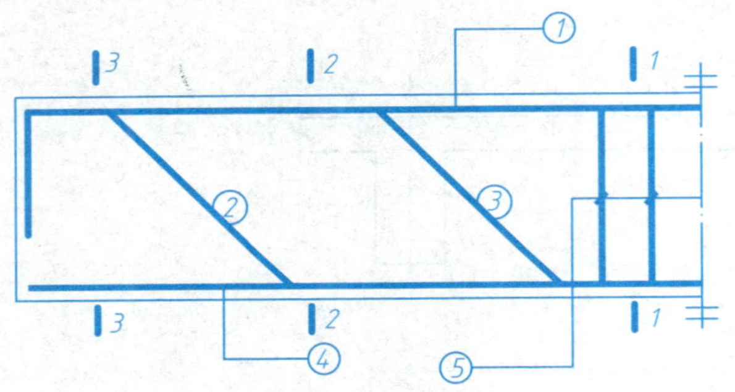

1号钢筋

牌号：________

直径：________

根数：________

5号钢筋

牌号：________

@160的意义：________

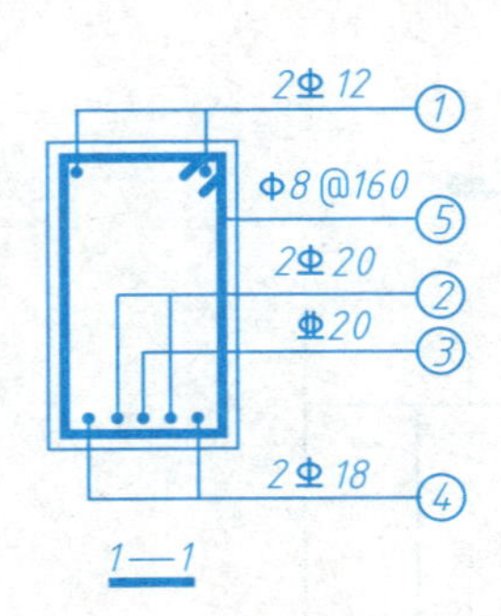

1—1

2—2

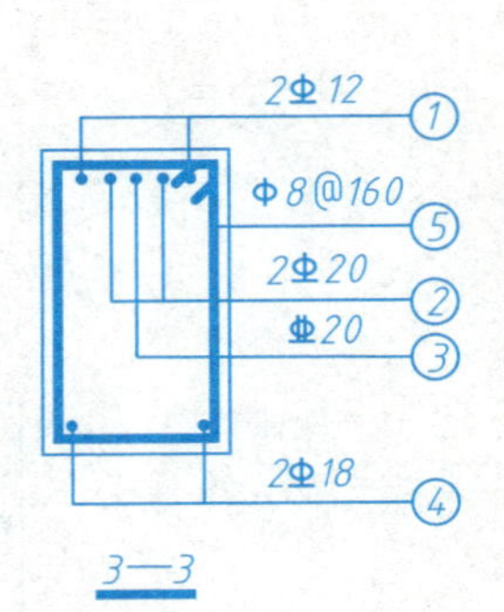

3—3

　　班级　　姓名　　日期

作业九　室内给水排水平面图

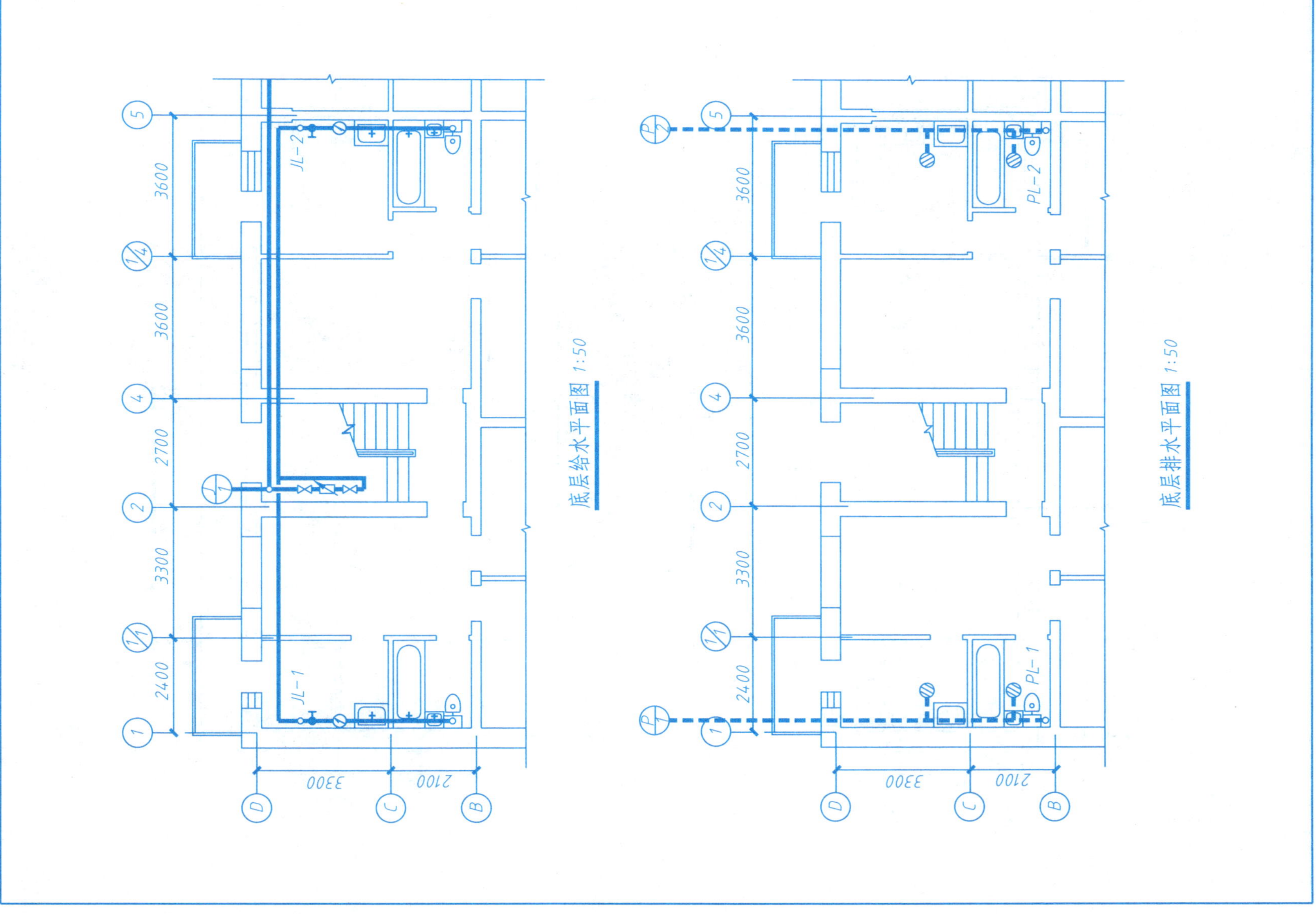

班级　　　　　姓名　　　　　日期

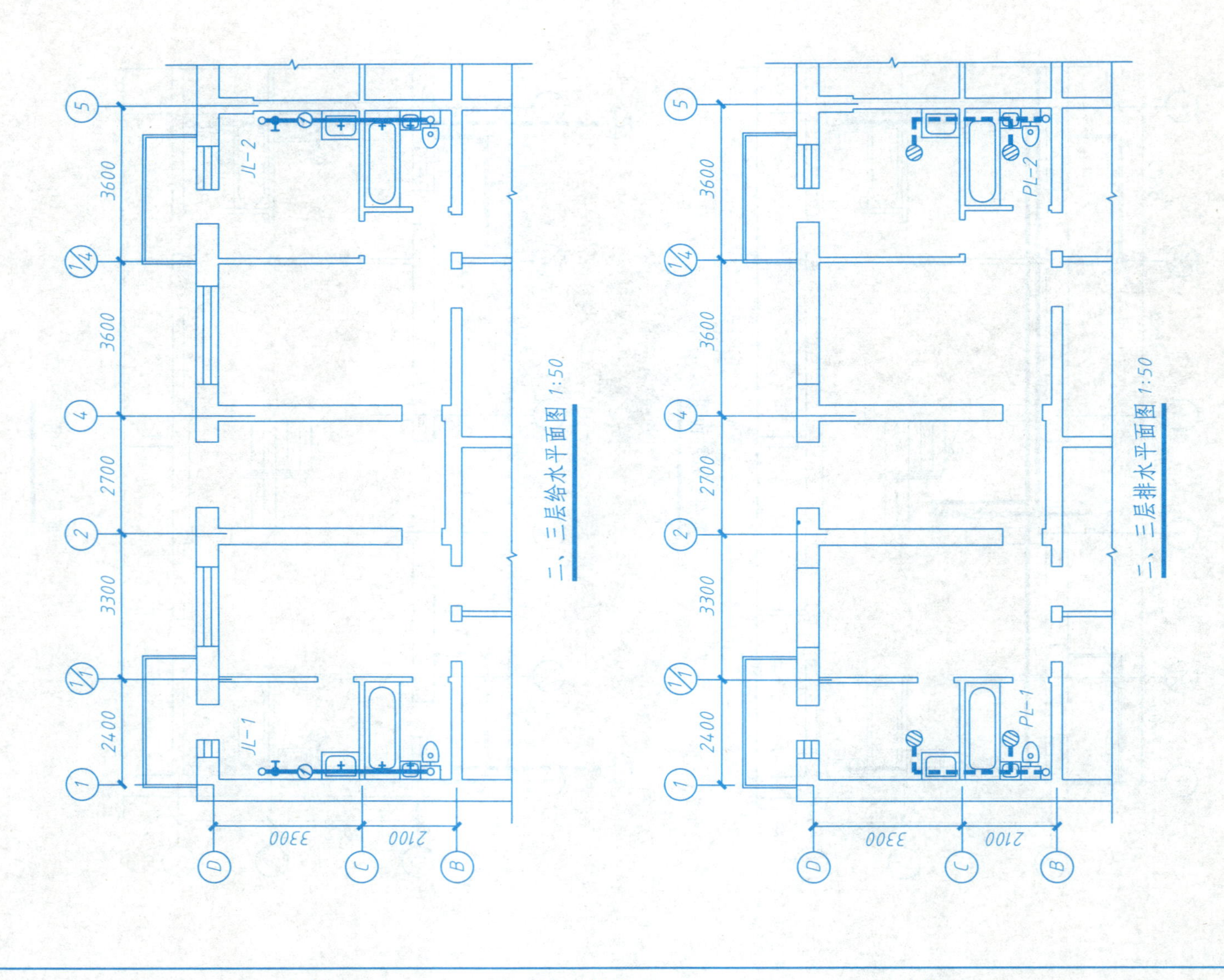

5
1/4
4
2
1/1
1
3600
3600
2700
3300
2400
JL-2
JL-1
PL-2
PL-1
3300
2100
D
C
B
二、三层给水平面图 1:50
二、三层排水平面图 1:50

班级　　　　姓名　　　　日期

一、目的

学习室内给水排水工程图（平面图）的内容和画法。

二、内容

已知条件：给出各层给水排水平面图（见作业图样），其中管径、坡度、中心标高的数据如下：

1）给水系统：室外引入管 DN50 敷设在采暖地沟中，一支在标高-0.550m 处进入右面另一单元；另一支通过立管，在标高-0.450m 处分别装有阀门和单元水表，然后折向下在标高-0.600m 处，通过水平干管分别向左面单元两户室供水；两户室 1 楼到 3 楼立管为 DN25，每户室设有阀门和水表。通过洗手盆、浴盆等各户室水平支管中心距地面 1.200m，管径 DN20。

2）排水系统：本系统有两根排出管 DN100 穿越外墙接室外检查井，地沟排出管标高-0.450m，穿墙排出管标高-2.000m。各层卫生间和厨房通过排水立管 DN100 接入排出管。各户室和排出管都有流向立管和检查井 2% 的坡度。在排水立管上高出屋面 0.7m 处设风帽。

要求：

1）用 1 张 A3 图纸抄绘给水排水平面图（1∶50）。

2）用 1 张 A3 图纸分别画出给水、排水系统图（1∶50）。

三、绘图方法和注意事项

1）图纸要求竖放，其格式见教材第 1 章。

2）房屋平面图各部分尺寸见作业五和作业七。

3）管道中心距离墙面按 100mm 近似绘制。

4）图线线宽层次要求如下：

① 房屋平面图用细实线（线宽 0.18mm）。

② 卫生设备图例用中实线（线宽 0.35mm）。

③ 给水管道用粗实线（线宽 0.7mm）。

④ 排水管道用粗虚线（线宽 0.7mm）。

5）作业图样中给出的管径是供画系统图时标注用的，因此在平面图中不要标注。

6）立管编号圆圈直径为 10mm，用细实线画，编号用 5 号字。

7）图名用 7 号字。

8）填写标题栏：

① 图名　给水排水平面图（10 号字）

② 图号　水 01（5 号字）

③ 比例　1∶50

14-1　填空

1. 供暖是指________________________________。

   通风是指________________________________。

   空气调节是指____________________________。

2. 暖通空调系统标号、入口编号，应由________和________组成。系统代号用________表示，顺序号用________表示。

3. 暖通设计图纸主要包括________、________、________、________、________、________等。

4. 管沟断面图常用比例为________、________、________，可用比例为________、________、________、________。

5. 水、汽管道，风道等可用________区分，也可用________区分。

6. 平面图中无坡度要求的管道标高可标注在________后面的括号内。必要时，应在标高数字前加“________”或“________”的字样。

7. 供暖平面图需绘出________、________、________、________、________，底层平面图上绘出指北针。

8. 室内供暖系统图是根据各层供暖平面图中________的平面位置和竖向标高，用________或________以________法绘制而成的。

　班级　　姓名　　日期

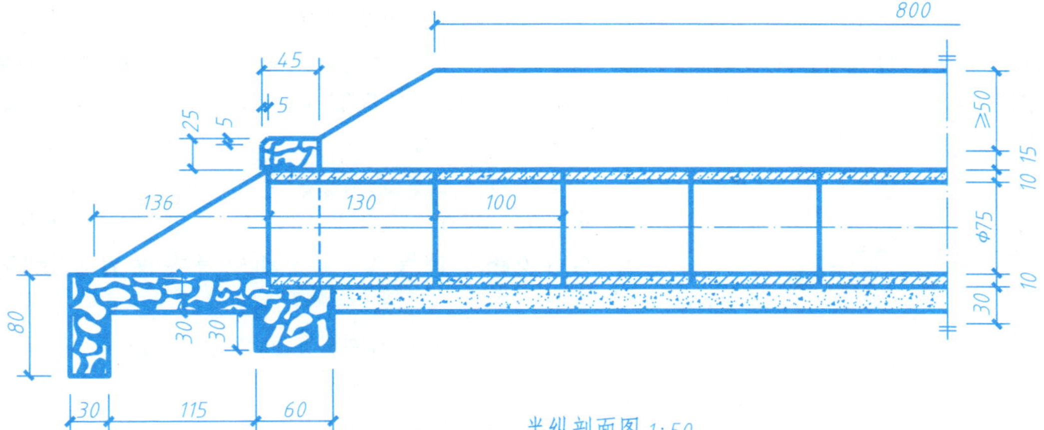

半纵剖面图 1:50

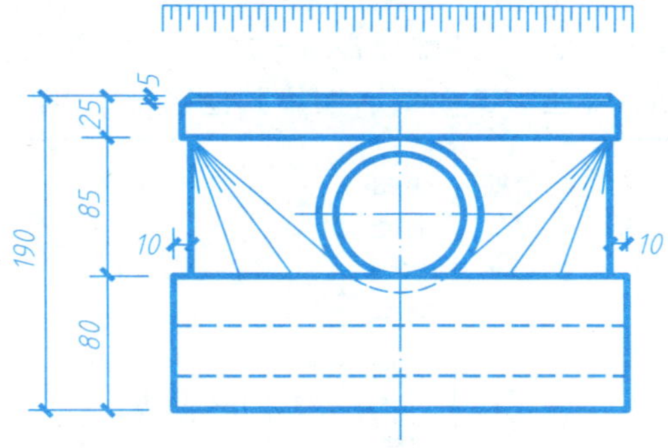

侧面图 1:50

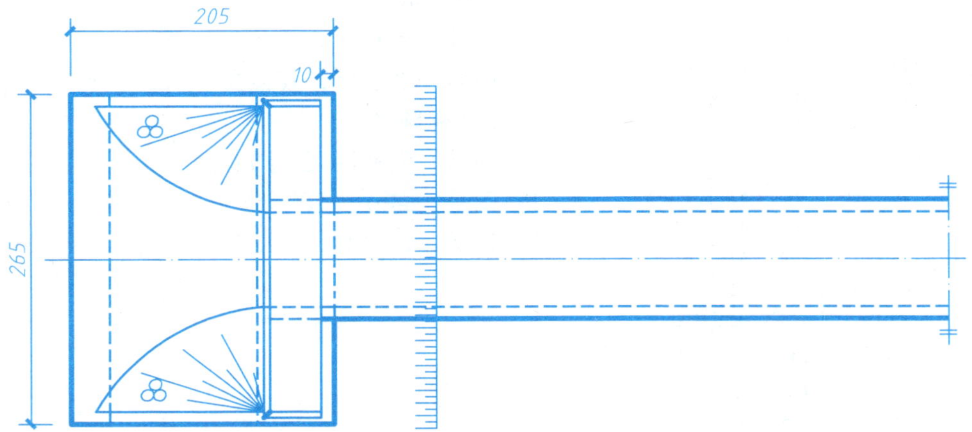

半平面图 1:50

附注：

1.洞口铺砌厚度为25cm。

2.管底垫层厚 $t=20$cm。

一、目的

熟悉八字翼墙式洞口管涵工程图的内容和图示法。

二、内容

已知：钢筋混凝土圆管涵一般构造的通用图（见 141 页作业图样），当圆管孔 $b=1.25$m、基础埋深 $h=75$cm（甲方案）；圆管孔 $d=1.50$m、基础埋深 $h=150$cm（乙方案）时，图中其他字母代表的尺寸，可由下表查得。

孔径 d/m	管壁厚度 t/cm	基础深埋 h/cm	八字形洞口/cm											
			h_1	h_2	h_3	h_4	d_1	d_2	L_1	T	a_1	a_2	a_3	a_4
0.75	8	100	83	168	85	60	171	191	87	100	69	89	57	77
		125	83	193	110	85	171	191	87	100	74	94	62	82
		150	83	218	135	110	171	191	87	100	79	99	67	87
		175	83	234	160	135	171	191	87	100	84	104	72	92
1	10	100	110	168	85	60	200	268	128	148	69	94	57	77
		125	110	193	110	85	200	268	128	148	74	99	62	82
		150	110	218	135	110	200	268	128	148	79	104	67	87
		175	110	234	160	135	200	268	128	148	84	109	72	92
1.25	12	100	137	168	85	60	229	343	68	194	69	99	57	77
		125	137	193	110	85	229	343	68	194	74	104	62	82
		150	137	218	135	110	229	343	68	194	79	109	67	87
		175	137	234	160	135	229	343	68	194	84	114	72	92
1.50	14	100	164	168	85	60	258	419	209	241	69	105	57	77
		125	164	193	110	85	258	419	209	241	74	110	62	82
		150	164	218	135	110	258	419	209	241	79	115	67	87
		175	164	234	160	135	258	419	209	241	84	120	72	92

要求：用 A3 图纸按 1∶50 的比例抄绘各图（自选一方案）。

三、画法及注意事项

1. 图中路基宽度 B 可取 8m 或 10m。圆管长度：端节取 1.5m，中节取 1.00m。其余可在尺寸表中查得。

2. 注意投影关系。半个涵洞圆管取五节（其中端节为一节）。纵剖面图中先画圆管，再画洞口，然后按路基边坡 1∶1.5 和路基宽度 B 画出路堤填土。

3. 洞口正面图中，地面以下只画八字翼墙、端墙及基础（用虚线表示）。

4. 图线层次分明。

5. 字号要求：

1）尺寸数字用 3.5 号字。

2）图名用 7 号字，其他文字用 5 号字。

6. 填写标题栏

1）图名　钢筋混凝土圆管涵

2）图号　路 01

3）比例　1∶50

参考文献

[1] 钱晓明，董保华，贾洪斌. 土木工程制图习题集 [M]. 哈尔滨：黑龙江教育出版社，2007.